実践!
射出成形金型設計
ワンポイント改善
ノウハウ集

大塚正彦 ── 著

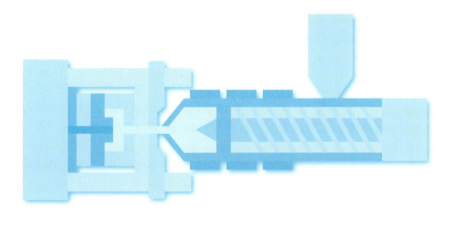

日刊工業新聞社

はじめに

　プラスチック製品は、日常の食生活で使用している各種容器類をはじめとして、電気製品、自動車などいたるところで使用されています。いずれの製品も生産数量は膨大で、昨今、話題になっている"3D プリンター"では生産対応できないことは明白です。この大量生産を高品質、安価、かつ短期間で安定的に実現できる道具が金型になります。

　しかし、金型の出来栄え、例えば、寸法精度が正確か、デザイン面は綺麗にできているか、プラスチック製品を成形中に金型の動作不良が発生しないか、破損する部品はないかなど、金型には高品質であることが求められます。

　良好な金型品質を確保するためには、金型設計品質が良くなければなりません。金型の品質は金型設計者の技量に左右されると考えられますが、製品設計技術者、金型製造技術者、成形技術者が保有している技術、ノウハウの集大成と言っても過言ではありません。高品質の金型づくりを実現するうえでは、社外には公開されない製造現場などで長年培ってきた設計・製造ノウハウを実際に活用していただくことが必要と考えます。

　本書は著者の 33 年余りの設計・製造一体となった金型づくりの経験の中で習得しましたノウハウを解説し、金型設計技術力の向上を図ることを狙いとしていますが、最終的には高品質の金型で成形することでプラスチック製品の高品質、低価格、短納期生産対応を実現することを目的とするものです。

　本書では、主にプラスチック金型設計経験が 1～3 年程度の初級～中級技術者向けに、金型設計のポイント、トラブル改善内容について紹介します。主な内容は、成形品設計から金型設計・製作フローにおける確認内容、金型に求められる条件についての解説、また、成形品の高品質化、成形生産性向上を実現するための最適な金型設計のポイントを中心に、成形段取り、安定成形に関するノウハウなどの関連技術ポイントについても解説します。

本書は、日刊工業新聞社の月刊誌『型技術』で、2014年2月号から7回連載しました、『金型設計ワンポイント改善－実用ノウハウ』をもとに、設計改善事例を追加するとともに、各改善内容を詳細に説明して金型設計改善事例集としてまとめた書籍です。

　最後に、発刊にあたり、日刊工業新聞社の出版局書籍編集部　阿部正章様には大変お世話になり感謝申し上げる次第です。

はじめに……………………………………………………………………………… i

第1章　金型強度確保に関する改善ポイント

1　貫通穴部キャビティ・コア強度確保 ………………………………… 2
2　入れ子組み付け穴部の強度確保 …………………………………… 4
3　インロー部金型強度確保 …………………………………………… 6
4　インローピン折損防止対策 ………………………………………… 8
5　ゲート部摩耗・破損防止（1） ………………………………………10
6　ゲート部摩耗・破損防止（2） ………………………………………12

第2章　成形段取り、保守・メンテナンスに関する改善ポイント

1　ロケートリング選定不良対策 ………………………………………16
2　モールドベース、型板の取り扱い容易化 …………………………18
3　型開き防止板破損回避対策（2プレートタイプ） …………………20
4　型開き防止板破損回避対策（3プレートタイプ） …………………22
5　キャビティ・コアのコーナ部合わせ容易化 …………………………24
6　キャビティ・コア、組立・調整容易化固定方法（1） ………………26
7　キャビティ・コア、組立・調整容易化固定方法（2） ………………28
8　傾斜ピン調整容易化 …………………………………………………30
9　エジェクタープレート組立・調整容易化 ……………………………32
10　金形開閉時のガイドピン・ブッシュ部空気排出効率化 …………34
11　外段取り時金型予備加熱 …………………………………………36
12　エジェクター（突出し）部の防塵対策 ……………………………38
13　キャビティ・コア部の防塵対策 ……………………………………40
14　メンテナンス容易性冷却回路 ……………………………………42

第3章　成形性向上に関する改善ポイント

1　キャビティ・コアの組立・調整容易化 …………………………… 46
2　ガイドピン高さ—コア高さの関係 ………………………………… 48
3　冷却効果改善回路 …………………………………………………… 50
4　スプル位置ずれ防止 ………………………………………………… 52
5　離型不良改善 ………………………………………………………… 54
6　成形品の突出し安定化 ……………………………………………… 56
7　固定側エジェクター構造 …………………………………………… 58
8　ランナー取られ防止 ………………………………………………… 60
9　流動抵抗低減スプルロック構造 …………………………………… 62
10　キャビティ輪郭側面と型板との干渉防止 ………………………… 64
11　サブマリンゲートのエジェクター（突出し）ピン位置 ………… 66
12　曲面形状成形品のエジェクターピン構造 ………………………… 68
13　アンダーカット形状の置き駒による処理構造 …………………… 70
14　エジェクター（突出し）時の傾斜ピン動作不良防止 …………… 72
15　エジェクターピン活用による
　　アンダーカット形状部の片側取られ防止構造 …………………… 74
16　スライドコア後退時位置決め構造（1） ………………………… 76
17　スライドコア後退時位置決め構造（2） ………………………… 78
18　スライドコア内エジェクター（突出し）構造 …………………… 80
19　スライドコア"カジリ"防止（1） ………………………………… 82
20　スライドコア"カジリ"防止（2） ………………………………… 84
21　スライドコアのガス逃げ構造 ……………………………………… 86
22　内ネジ成形品の安定成形 …………………………………………… 88
23　3プレートタイプ金型のスプル・ランナー自動落下構造 ……… 90
24　スプル・ランナー取り出し機使用時のトラブル防止 …………… 92
25　横型成形機でのインサート品保持構造 …………………………… 94
26　真空吸引度向上 ……………………………………………………… 96

第4章　成形品品質に関する改善ポイント

1. ボス上面のヒケ発生防止 …………………………………………… 100
2. 補強形状のヒケ防止 ………………………………………………… 102
3. シボ加工成形品品質不良改善 ……………………………………… 104
4. カバーの爪削り防止 ………………………………………………… 106
5. キートップ天面のウエルドライン発生防止 ……………………… 108
6. 外周パーティングラインのバリ発生防止 ………………………… 110
7. 2個取り金型の1個取り成形時のバリ発生防止 ………………… 112
8. ボタン穴のバリ、ショート防止対策 ……………………………… 114
9. ボスの冷却効率化構造 ……………………………………………… 116
10. 塗装見切り溝部のフローマーク防止 ……………………………… 118
11. ゲートカット跡による黒色部品の外観不良防止 ………………… 120
12. 箱形状成形品のソリ改善 …………………………………………… 122
13. 透明カバーの爪白化防止 …………………………………………… 124
14. プーリーのソリ対策 ………………………………………………… 126
15. 自動車部品のフランジ形状不良防止対策 ………………………… 128
16. 金型加工精度向上による成形部品高さ、
    長さ、幅寸法精度、平面度の改善 ………………………………… 130
17. 穴ピッチ精度向上対策 ……………………………………………… 132
18. ボス外径部バリ発生防止 …………………………………………… 134
19. 狭ピッチ高精度微細穴成形品の金型構造 ………………………… 136
20. 穴位置寸法修正容易化 ……………………………………………… 138
21. スナップフィットによる部品固定構造 …………………………… 140
22. ボス強度向上 ………………………………………………………… 142
23. ネジインサート凹み防止 …………………………………………… 144
24. 薄板インサートの沈み込み防止 …………………………………… 146
25. 精密成形用アルミ合金型構造 ……………………………………… 148

第1章 金型強度確保に関する改善ポイント

1 貫通穴部キャビティ・コア強度確保

概要

　成形品には丸穴、角穴など貫通穴があることが多く、これらの貫通穴を形成するには、コア、あるいはキャビティに、コア入れ子、キャビティ入れ子を組み付けて相手部品の表面に突き当てることが必要です。

　穴形状形成部品であるコア入れ子、キャビティ入れ子は主に表面処理済の熱間工具鋼などの高硬度材で製作されています。本部品との突き当て面になるキャビティ本体、コア本体の材質にS55Cなどの材料を使用すると、成形数量が多い場合、コア入れ子、キャビティ入れ子に比較して表面硬度、母材強度が劣るため金型に凹形状の発生、破損トラブルの原因になります。

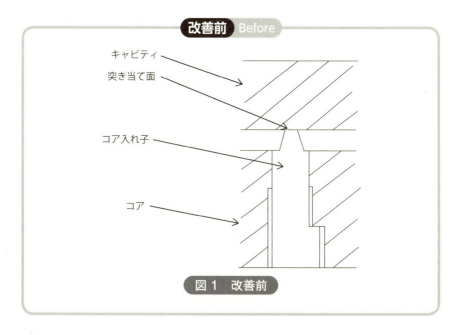

図1　改善前

> 原因

　キャビティ・コア本体で通常使用しますS55Cの硬度はHRC30〜35程度で、一方、キャビティ入れ子、コア入れ子には、HRC50〜55程度の表面処理済熱間工具鋼を使用することがあります。この硬度差がキャビティ・コア本体の突き当て面に跡を残すことになります。

改善後 After

　貫通穴がある成形品のキャビティ・コア本体の素材にコスト的に大きな影響がなければ、S55Cより硬度が高いNAK材、SKD材の表面処理品の使用を検討することが必要です。または外観上問題がなければ、穴の個所のみ突き当てになる部分を入れ子構造にして穴加工部品と同質材にします。

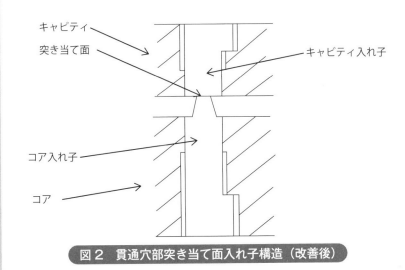

図2　貫通穴部突き当て面入れ子構造（改善後）

!留意点

キャビティに鋼材入れ子を組み付けると成形品外観面に入れ子分割線が現れますが、外観上、問題がないことを確認します。

2 入れ子組み付け穴部の強度確保

概要

角穴形状形成のために鋼材入れ子を用いますが、入れ子を組み付ける穴形状のコーナー部は、加工容易性、コーナー部への応力集中によるクラック防止のためにR形状にするのが望ましいです。

改善前 Before

角穴用コア入れ子の組み付け穴は、ワイヤーカットで加工後、コーナー部4個所をエッジになるように仕上げを行います。また、コアピンは切削加工、研削加工でコーナー部4個所はエッジ加工を行い組み付けますが、成形数量が多くなると穴の角部に微小なクラックが発生することがあります。

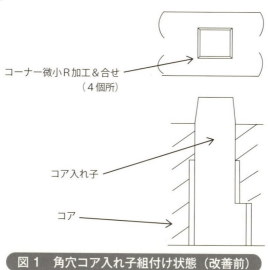

図1 角穴コア入れ子組付け状態（改善前）

> 原　因

　角形状の入れ子を組み付ける角穴形状は基本的にワイヤーカットで対応可能ですが、コーナー部はワイヤー線径＋放電ギャップ分のR形状になります。
　エッジに近い微小Rが付いた状態で鋼材入れ子を組み付けして長時間成形すると、コーナー部に応力集中によるクラックが発生する可能性があります。

改善後 After

　鋼材入れ子を組み付ける角穴コーナーをR（例：R0.5）加工することにより、応力集中を緩和して入れ子本体の角穴コーナー部のクラック発生防止になります。

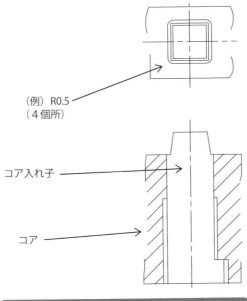

図2　角穴コア入れ子組付け状態（改善後）

> 留意点
>
> 成形品にコーナーRを含む鋼材入れ子の分割線が現れますが、外観仕様上、問題ないことを確認します。

3 インロー部金型強度確保

概要

　樹脂成形品では、樹脂の弾性を活用したヒンジ形状、あるいは、スナップフィット形状を多用することが多いです。この形状を形成するにはインロー（はめ込み）構造が必要になります。インロー部に鋼材入れ子を使用する場合、入れ子部品と傾斜突き当てになる相手部品が同質材の場合、生産量が増加すると摩耗によるバリ発生、接触面の凝着によるカジリが発生します。

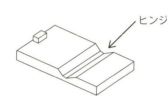
ヒンジ

スナップフィット

改善前 Before

　傾斜突き当て面の角度を3°程度にすることでカジリの防止が可能と考えましたが、スーパーエンジニアリングプラスチック使用時は金型温度が高温の影響もあり、接触面のカジリなどのトラブルが発生しました。

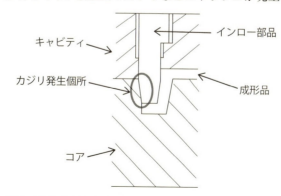

> **原　因**

　インロー部品に表面処理を行わなかったため硬度不足でした。また、部品に同質材を使用したことで、部品接触面間で原子間運動が活発になり拡散接合に近い状況になったため、突き当て面（接触面）にカジリが発生しました。

改善後　After

　部品の表面処理（焼き入れ焼き戻し）により硬度アップを図り、突き当て（接触面）部品に異なる材質を使用するとともに、突き当て部品を入れ子構造にしてカジリのトラブルが発生した場合でも修正が容易な構造にしました。

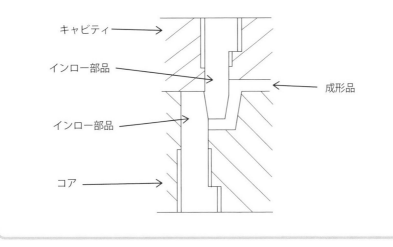

> **！留意点**
> 金型温度を高温にして成形する場合は、特に異なる材質の選定、あるいは、部品の表面処理による硬度アップが有効になります。また、インロー部品と接触する相手部品は入れ子方式にすることでトラブル発生時の対応が迅速にできます。

4 インローピン折損防止対策

概要

成形品で微小径の丸穴、あるいは、非常に小さい四角の貫通孔がある場合、コア側に丸形状ピン、四角形状ピンを組み付けてキャビティ面に突き当てる、あるいは、キャビティにピンをインロー（はめ込む）するための穴形状を加工して、インローピンで成形品に貫通孔を開けます。

改善前 Before

インロー部品（ピン）で丸穴、角穴を高精度、狭ピッチで多数成形する時、微細穴があるために樹脂の流動性の関係から成形品の穴付近がショート（欠け）気味になることがあります。

このトラブルを回避するために、射出速度、圧力を上げるとピンの折損が発生することがあります。

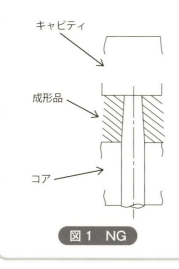

図1 NG

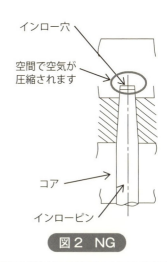

図2 NG

第1章　金型強度確保に関する改善ポイント

> 原　因

　図1の場合、成形品に貫通穴を開けることはできますが、片持ちはり構造となり、ピン径が細く生産量が多い場合、ピンの根元に最大曲げ応力が作用して破損する場合があります。図2の場合、ピン先端部が穴に嵌合され、両端固定はり構造となるため、図1の構造に比較すると曲げ強度は向上します。しかし、ピン先端部が嵌合している穴は袋状になっているため、ピンが挿入する時、空気が断熱圧縮されて高温になり、ピンに焼けなどが発生して破損しやすくなります。

改善後 After

　ピンに高熱が負荷するのを防止するためにインロー穴部に空気のニゲ流路加工を行います。また、インローピンと相手部品の材質は異質材を選定してカジリを防止します。

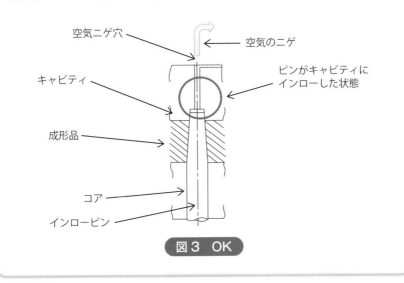

図3　OK

> 留意点

インローするピン径が細径の場合、空気ニゲ形状を設けることが困難な場合がありますが、丸穴を開けてエアーベントに繋げてインロー穴内の空気を逃がすことが必要です。

5 ゲート部摩耗・破損防止（1）

概要

一般にゲート形状部は樹脂充填時に高圧になります。特に、ピンゲート、サブマリンゲート、サイドジャンプゲートなど、ランナーから急激に寸法を狭めるタイプのゲートの場合は、生産量が非常に多いと、樹脂充填圧などの影響によりゲート部の破損リスクが大きくなります。

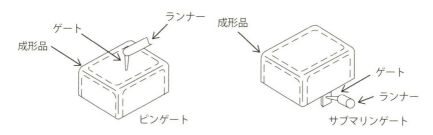

改善前 Before

外観にゲート跡が残せず、成形品の強度が必要でガラス繊維含有樹脂をスムーズにキャビティに充填するために直彫りのサイドジャンプゲートを採用した結果、破損しました。

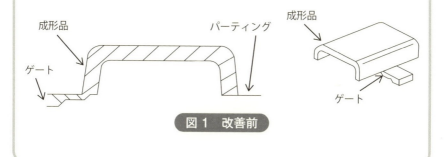

図1　改善前

第1章　金型強度確保に関する改善ポイント

> 原　因

　生産量が少量の場合、キャビティ・コアの材質は主にS50C、S55Cなどの機械構造用炭素鋼を使用しますが、成形材料がガラス繊維などを含有した樹脂の時、その固さのためゲート部の摩耗リスクが高くなります。

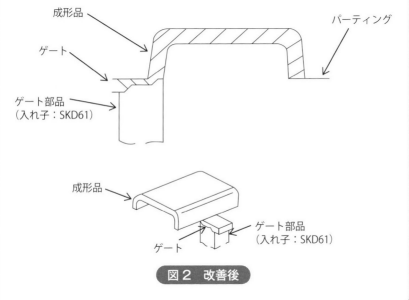

改善後　After

　ガラス繊維、カーボン繊維などを含有した樹脂の成形の場合、ゲート部のみ表面処理したSKD61などの高硬度材など用いて入れ子構造にします。

図2　改善後

❗ 留意点
成形品形状、品質の制約からファンゲート、フィルムゲートを採用する場合、ゲート部品に負荷する樹脂充填圧力は、ピンゲート、サブマリンゲートに比較すると低圧になるため、S55C材などの機械構造用炭素鋼で製作したキャビティ・コアに直接にゲートを加工することは可能です。しかし生産量が当初計画より多くなる場合などのことも想定し、設計初期段階から高硬度材の入れ子部品の使用を検討します。

6 ゲート部摩耗・破損防止 (2)

概要

ピンゲート、サブマリンゲートは、成形後にゲートカットの二次加工が不要です。サブマリンゲートは、成形品突出し時に金型のゲート口でゲート先端部を切断するタイプです。このゲートの場合、成形生産量が多くなると金型のゲート口の摩耗が激しくなり、ゲート切断状態が悪くなり切粉などが発生します。

改善前 Before

キャビティ・コアは同じ材質で、下記の形状でゲートを製作しましたが、PES材料（ガラス繊維含有30％）での成形時、ゲート先端で成形品との切れが悪くなり切粉が発生するようになりました。

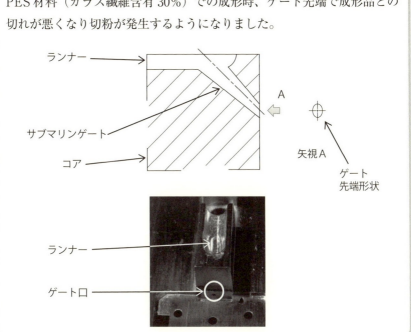

第1章　金型強度確保に関する改善ポイント

> **原因**

　ゲート先端形状がだ円形になり、だ円頂点部に大きな切断力が作用すること、さらに、ゲート部材質も通常のキャビティ・コアで使用するNAK材を使用したため。

改善後 After

　ガラス繊維、カーボン繊維などを含有した樹脂成形の場合、ゲート部のみ粉末ハイスなど熱処理した高硬度材の入れ子構造にします。
　下記の形状も改善形状としてありますが、改善前の形状でも保守、メンテナンスを確実に行えばトラブルの回避は可能です。

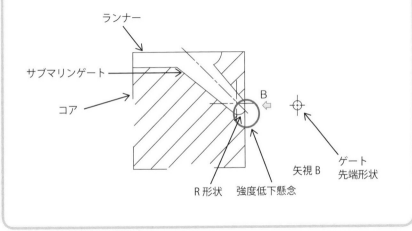

> **留意点**

サブマリンゲートの場合、ゲート切れ状態の良否が重要ですので、保守、メンテナンス時、あるいは、成形生産中の成形品のゲート部のチェックを行うようにします。また、改善後の図において丸印部のR形状部の強度低下も想定されますので、ゲート切れ状態を確認する時に併せてチェックが必要です。

13

第2章 成形段取り、保守・メンテナンスに関する改善ポイント

1 ロケートリング選定不良対策

概要

成形時、金型には使用する射出成形機毎で決められた大きさのロケートリングを付けて成形機プラテンのロケートリング位置決め用穴に仮挿入します。しかし金型設計時にロケートリングの選定をミスすると射出成形機に上手く嵌合が出来ず、段取り時間の大きなロスになります。

改善前 Before

ロケートリングの外径が大きすぎたために、図1に示す成形機のプラテン中央部のロケートリング位置決め用穴に挿入することができず、ロケートリングを外して金型のスプルブッシュのノズルタッチRと成形機のノズル先端R形状を目視で確認しながら位置決めを行ったため多くの作業時間を要しました。

図2 矢視A

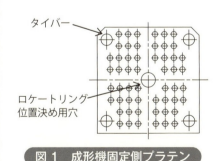

図1 成形機固定側プラテン

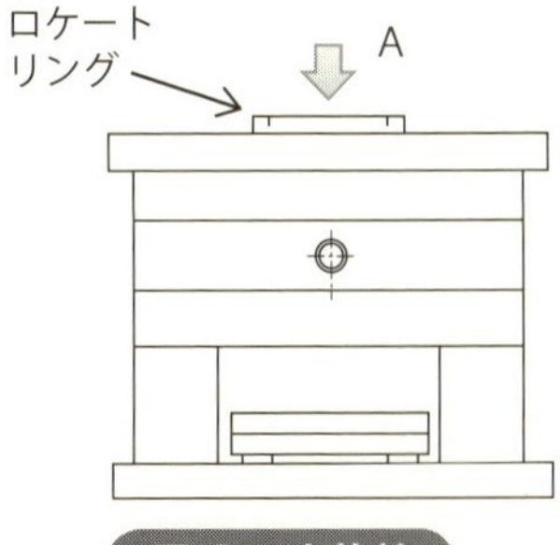

図3 改善前

> **原　因**

使用する成形機を誤って選定し設計したため、プラテン側のロケートリングの位置決め用穴径より大きいロケートリングにしたこと。

改善後 After

　ロケートリング位置決め用穴に対して、金型側のロケートリング径が大きい場合は、ロケートリングを外してノックピンを固定側取付板に3本組み込み、位置決め・取り付けを行います。

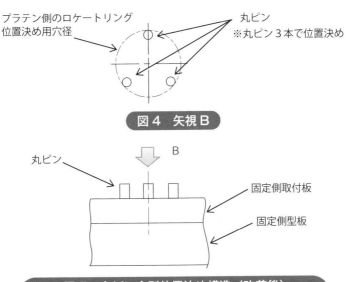

図4　矢視B

図5　丸ピン金型位置決め構造（改善後）
（例：ロケートリング径を誤って大きく設定した場合）

※ロケートリング径を誤って小さく設定した場合は、ドーナツリングをはめ込んで成形機に取り付けることができます。

❗ 留意点

スプルブッシュのノズルタッチR と成形機のノズル先端R 部を目視で合わせた後、成形を行う場合、スプルブッシュの中心と成形機ノズル中心は僅かではありますが位置ずれすることがあり、スプルブッシュとノズルの空間から樹脂モレが発生することがあります。

2 モールドベース、型板の取り扱い容易化

概要

標準モールドベースは運搬・移動用に型板に雌ネジを加工済ですが、各プレートの加工時の移動は、マグネットの利用、人手に依存しているため、型板の移動作業が大変であり、また、重量物であるため作業時に事故が発生する可能性があります。安全性を重視した対策が必要です。

改善前 Before

標準モールドベースは、**図1**のように可動側型板に雌ねじが加工されています。この雌ねじを使用してクレーンなどで金型の移動を行いますが、各プレートの形状加工時は、プレートをマグネットによる吸着、あるいは、加工者が直接プレートを持って加工機まで移動していました。そのため、これらの段取りに多くの時間を要していました。

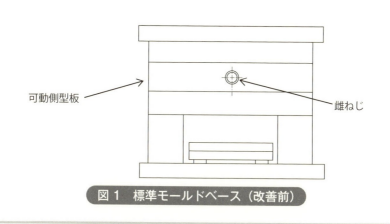

図1　標準モールドベース（改善前）

> **原　因**

標準モールドベース全体の運搬・移動は型板の雌ネジで対応できることは確認できていましたが、金型として完成するためには、各プレートの加工が必要であり、各種加工機（例：マシニングセンター、NCフライス、放電加工機など）までの移動方法、金型製作担当者の作業性について考慮せずに設計したため。

改善後 After

各プレートにクレーン等による運搬、移動のための吊りボルト用雌ネジ穴を加工します。

エジェクタープレート（上）（下）にも金型組み立て・最終調整時、動作確認するために短辺側に2個所、計4個所雌ネジ加工します。

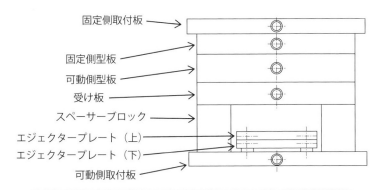

図2　吊りボルト穴追加加工モールドベース（改善後）

❗ 留意点

金型サイズが小型で型板1枚の重量が概ね10（kgf）以下であれば、作業安全上は、型板毎にボルト穴の加工は不要ですが、安全性確保のために加工を検討します。中型、大型の金型になるほど型板などの部品重量が重たくなるため、ボルト穴を使用したクレーン等の吊り下げによる移動が可能な構造にします。
エジェクタープレート（上）、（下）にも吊りボルト穴が必要です。

3 型開き防止板破損回避対策（2プレートタイプ）

概要

成形作業を行う際に金型を射出成形機に取り付けて型開きを行いますが、成形機に金型を取り付ける際に金型が固定側と可動側に開かないように型開き防止板を付けます。型開きを行う際は、成形作業者が成形機操作側から確実に型開き防止板を確認できるように朱色などに着色した型開き防止板を金型の成形機操作側に取り付けます。これにより型開き防止板の取り外しを忘れて切断するトラブルを防止します。

改善前 Before

金型搬送用のために天側、または地側に設けたボルト穴を利用して型開き防止板を取り付けることが多く、射出成形機に取り付けた後、成形時に成形技術者が取り外すことを忘れて型開きを行い、型開き防止板を破損することがありました。

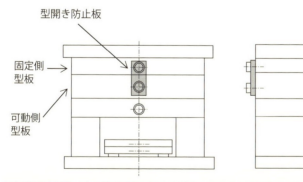
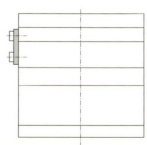

図1　固定側型板、可動側型板間の型開き防止板組み付け状態（改善前）

第2章　成形段取り、保守・メンテナンスに関する改善ポイント

> 原　因

　成形機に金型を取り付けて成形することのみを考え、型開き防止板を取り付ける場所はどこでも良いとの考えのもとに取り付け場所を決定したため。

改善後 After

　型開き防止板を成形機の操作側から成形作業者が容易に確認できる金型位置に取り付けます。また、型開き防止板であることを"目で見て"わかるように朱色に着色します。

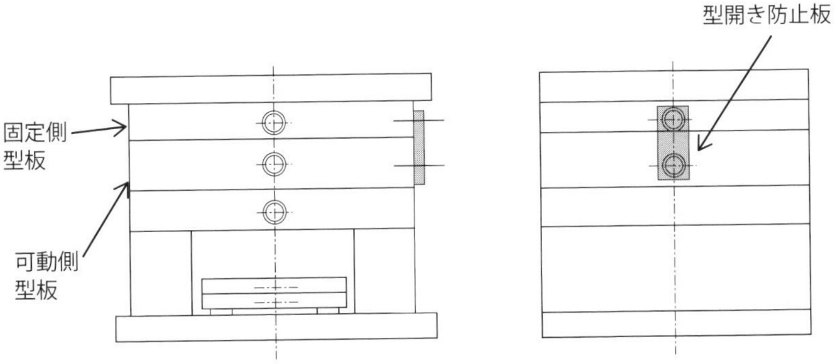

固定側型板
可動側型板
型開き防止板

図2　固定側型板、可動側型板間の型開き防止板組み付け状態（改善後）

！留意点
型開き防止板を取り付ける際、操作側、反操作側の2個所に取り付ける可能性があるため、金型に刻印する（天）、（地）を確認して成形機の操作側で確認できる位置に設けます。

4 型開き防止板破損回避対策(3プレートタイプ)

概要

金型保管時、あるいは金型を射出成形機に取り付けるためにクレーンで移動する際に、金型が開くのを防止するために型開き防止板での固定が必要です。

射出成形機に取り付け後、成形作業開始前に型開きしますが、型開き防止板を外す必要があります。

改善前 Before

金型移動用のために天側、または地側に設けたボルト穴を使用して型開き防止板を取り付けることが多く場所が確定していません。成形技術者が取り外すことを忘れて型開きを行い、型開き防止板を破損することがあります。

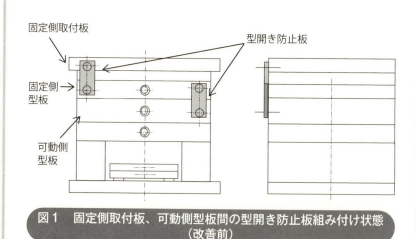

図1　固定側取付板、可動側型板間の型開き防止板組み付け状態（改善前）

> **原　因**

　成形機に金型を取り付けて成形することのみを考え、型開き防止板が取り付く場所であればどこでも良いとの考えの下に取付け場所を決定したため。

改善後 After

　朱色に着色した型開き防止板を成形機の操作側から容易に確認できる金型の操作側の天側に取り付けます。
　3プレートタイプのため、固定側取付板と可動側型板を固定するための型開き防止板により固定します。

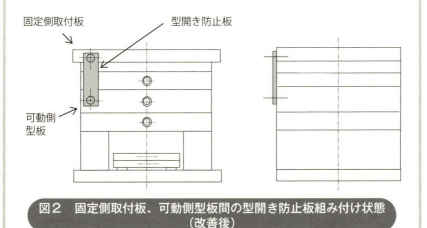

図2　固定側取付板、可動側型板間の型開き防止板組み付け状態（改善後）

❗ 留意点

型開き防止板を取り付ける際、操作側、反操作側の2個所に取り付ける可能性があるため、金型に刻印する（天）、（地）を確認して成形機の操作側で確認できるように（天）側に取り付けます。

5 キャビティ・コアのコーナ部合わせ容易化

概要

金型の主要部品のキャビティ・コアと型板との合わせ・調整に必要となる工数を少なくするためにはキャビティ・コアは加工せずに型板側のみの加工でキャビティ・コアが嵌合可能な構造にすることが大切です。

改善前 Before

キャビティ・コア入れ子を組み付けるポケット穴形状は、型板のコーナ部にはR形状加工を行い、キャビティ・コア入れ子のコーナ部は、型板のR寸法より大きい寸法のC面加工（面取り）を行いました。その結果、多くの工数が必要になりました。

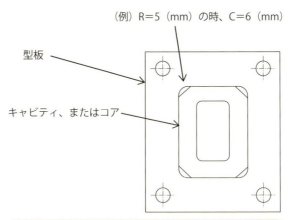

図1 キャビティ・コア組み付け状態（改善前）

> **原　因**

　型板（固定側、可動側）両方のコーナ部 4 個所に R 加工、キャビティ・コアのコーナ部 4 個所に C 面加工を行えば組み付けができると考え、設計したが加工工数アップになることを考慮しなかったため。

改善後　After

　キャビティ・コア入れ子は角形状、型板のポケット穴形状の角部には逃げ加工を行います。キャビティ・コアの角部には加工を行う必要がありません。

　コーナ部の逃げの直径はポケット深さの 1 ／ 3 以上を目安として、φ6 〜 φ20 の範囲で検討します。

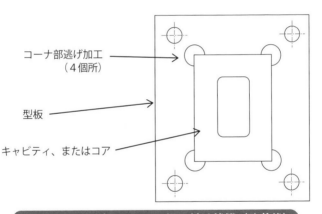

図 2　キャビティ・コア組み付け状態（改善後）

> **🛈 留意点**
> 型板のコーナ部逃げ加工は、キャビティ・コアの角部が組み込み可能な最小の大きさで検討することが重要です。過大に加工すると余分な加工工数を費やすことになります。

6 キャビティ・コア、組立・調整容易化固定方法（1）

概要

金型組立時において、一般的にキャビティ・コアを型板に固定する時は、キャビティ・コアの裏面に雌ネジを加工してボルトで固定します。

メンテナンスなどで金型を分解する際、型板からキャビティ・コアを抜く時は、型板に加工した貫通穴に真鍮棒を挿入し、それを叩いてキャビティ・コアを抜きます。あるいは、キャビティ・コアの固定用ネジ部に真鍮棒を挿入して抜きます。

改善前 Before

型板からキャビティ・コアを抜く時は、図1、図2に示すように、貫通孔、あるいは固定用ネジ穴に真鍮棒を挿入して叩き出しますが、ネジ穴の場合はネジ部にダメージを与えます。

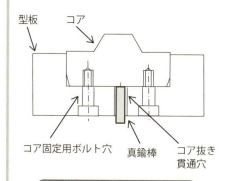

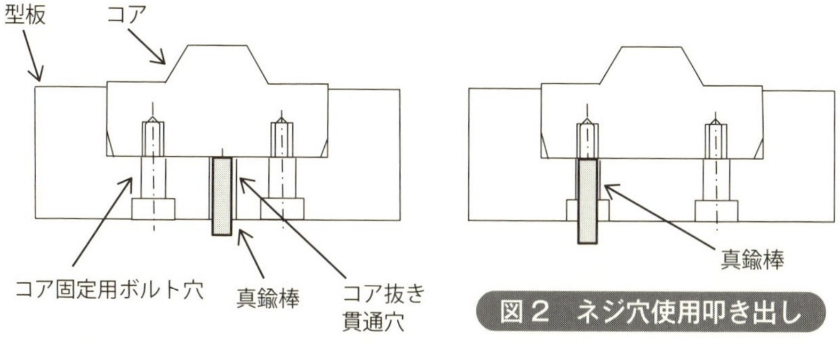

図1　貫通孔使用叩き出し

図2　ネジ穴使用叩き出し

> **原　因**

キャビティ・コアを抜く時の手段、方法まで考えずに金型設計したため。

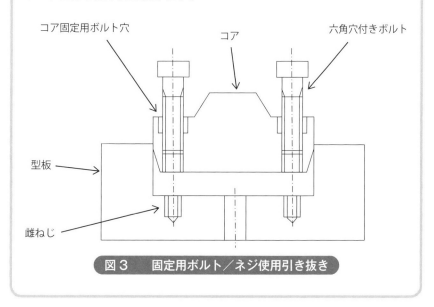

改善後　After

　キャビティ・コアの固定は、キャビティ・コアの表面側から六角穴付ボルトで固定する構造にします。さらに、キャビティ・コアの六角穴付ボルト穴にも雌ネジ加工します。

　組立・調整時にキャビティ・コアを抜く時は、加工した当該雌ネジにボルトを締め込み引き抜きます。

図3　固定用ボルト／ネジ使用引き抜き

🛈 留意点

キャビティ・コアを引き抜くために両部品の底面を真鍮棒で叩くことが良いと考えますが、特に、コアに関してはエジェクター（EJ、突出し）ピン、コアピンなどの部品があるため干渉には十分に注意します。

7 キャビティ・コア、組立・調整容易化固定方法(2)

概要

標準モールドベース購入時、特に、固定側、可動側の各プレートの固定は図1に示すような可動側締め付けボルトで行われています。

しかし、可働側に受け板があるタイプの場合、可動側型板と受け板を一体にした形でコアの組み付け調整を行う必要があります。

改善前 Before

金型仕上げ調整担当者の作業性の良否を意識せずに金型設計すると、可動側締め付けボルトがあるため、金型製作の最終段階のコアと型板との嵌合調整時に、可動側全体を組み立てた状態で調整する必要があり、多くの工数を費やすことになります。

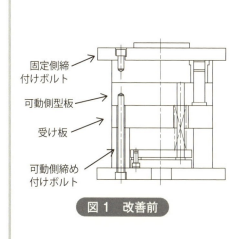

図1 改善前

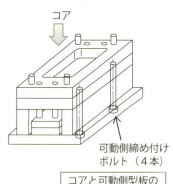

図2 可動側全体組立状態

コアと可動側型板の嵌合調整のために全体の組み立てが必要になります

原　因

コアと可動側型板との嵌合調整を行う際、可動側締め付けボルトで可動側全体を組み立てることが可能になり、この構造で対応可能と判断したため。

改善後 After

コアを組み付ける可動側型板と受け板を、**図3**、**図4**に示すボルトで一体化することで、可動側型板と受け板のみの組み立てができ、嵌合調整が容易になります。

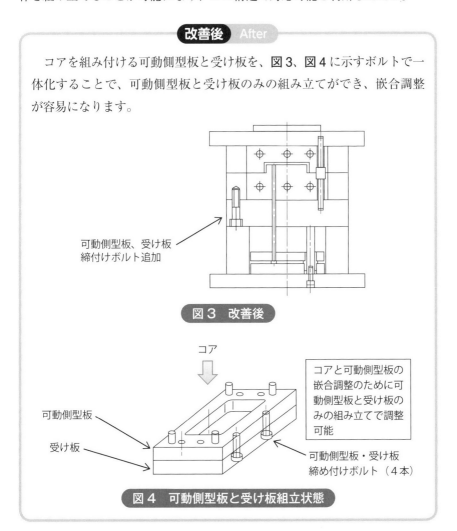

図3　改善後

図4　可動側型板と受け板組立状態

留意点

最低限片側2個所、計4個所程度の型板・受け板締め付けボルトは必要ですが、ガイドピンなどがあるため干渉有無の確認が必要です。

8 傾斜ピン調整容易化

概要

成形品のアンダーカット処理方法のひとつである傾斜ピン方式で、成形品内側のアンダーカットを処理する場合、傾斜ピンとコアの合わせ・調整は所定の角度で角穴加工後、傾斜面で合わせ・調整を行いますが、傾斜穴はワイヤーカットでの加工になり、合わせ調整時間に多くの時間が必要になります。調整時間の短縮のための金型構造の見直しが必要です。

改善前 Before

傾斜ピンと傾斜ピンを嵌合する斜めの穴で調整が必要になるため、斜め穴の加工、調整に多くの時間が必要でした。

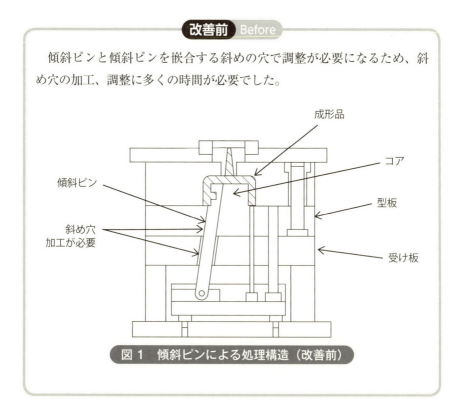

図1 傾斜ピンによる処理構造(改善前)

第2章　成形段取り、保守・メンテナンスに関する改善ポイント

> 原因

図1の斜め穴加工は、ワイヤーカット加工、仕上げを行い、傾斜ピンとの調整を行い動作確認して不具合がなければ金型構造上、問題なしと判断したため。

改善後 After

図2の傾斜ガイドとコアの傾斜穴の合わせ2個所で傾斜ピンのガイドを行い、さらに、傾斜面距離を短かくすることで傾斜ピンとコアの合わせ・調整は短時間で済みます。コアの傾斜面と傾斜ピンの嵌合距離を短かくしてカジリなどの不具合予防対策を講じます。

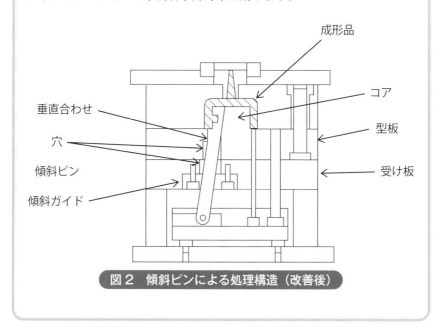

図2　傾斜ピンによる処理構造（改善後）

> ⚠ 留意点
> 傾斜ガイドが増えるため、周囲に干渉する部品などがないことを確認します。

9 エジェクタープレート組立・調整容易化

概要

金型組み立て時に可動側取付板を組み付ける時、リターンピンにエジェクター（EJ、突出し）プレート戻し用スプリングがあるため、可動側取付板の組立に大きな荷重を負荷する必要がありました。しかし、受け板に雌ネジ穴を加工して、エジェクタープレート、可動側取付板に貫通孔を加工することで、六角穴付ボルトでエジェクタープレートを締め付けることにより可動側取付板の組立が容易になります。

改善前 Before

エジェクタープレートはリターンピンスプリングがあるために、**図1**のようにスペーサーブロックより凸になります。通常、可動側取付板と可動側型板を六角穴付ボルト4本で締付けながらエジェクタープレート底面がスペーサーブロック底面と同一になるまで押し込みますが、非常に大きな力が必要になり、また、作業性も悪くなります。

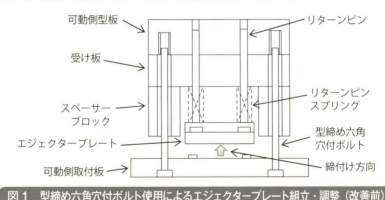

図1 型締め六角穴付ボルト使用によるエジェクタープレート組立・調整（改善前）

> **原　因**

　金型組立を行う技能者の作業性を考慮せずに、多少の無理を承知でも組み立つことが可能であると考えて金型設計を行ったため。

改善後 After

　可動側受け板の雌ネジに六角穴付ボルトをネジ込み、締め付けることでエジェクタープレートを図２の矢印方向に移動させます。エジェクタープレートが所定位置になったところで可動側取付板を組み立てます。

　ボルト締めの力だけでエジェクタープレートの移動が可能になります。

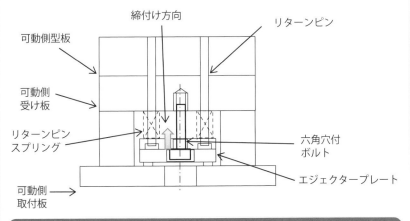

図２　六角穴付ボルトによるエジェクタープレートの調整・組立（改善後）

⚠ 留意点

可動側受け板にエジェクタープレートの組立を容易にするネジ加工が必要になりますが、設定位置に関しては、エジェクターピン、金型温度調節回路などとの干渉の有無確認が必要です。

10 金形開閉時のガイドピン・ブッシュ部空気排出効率化

概要

金型の開閉時には、ガイドピンとガイドブッシュが確実かつスムーズに嵌合する必要があります。ガイドピンとガイドブッシュの嵌合公差は厳しく、型締め速度が速い場合には、ガイドピンとガイドブッシュが嵌合する時に空気が逃げる余裕がなくなるために型締めがスムーズに出来なくなります。

これを防止するためには、ガイドブッシュ側から空気が逃げるようにする必要があります。

改善前 Before

成形サイクル短縮のために型締め速度を早くすると、型締め抵抗が多少高くなり、成形終了後の型開き時には真空状態から大気圧状態に開放する時に発生する音が鳴ることがありました。また、この現象によりガイドブッシュ内にゴミが吸引されることがあります。

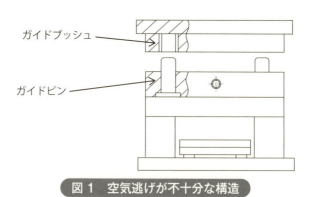

図1　空気逃げが不十分な構造

> **原　因**

ガイドブッシュ内にガイドピンが挿入する時、ガイドブッシュ内の空気の逃げが不十分なため。

改善後 After

　ガイドブッシュ内の空気の排出を容易にするために、固定側取付板に空気の逃げ溝（エアベント）を加工します。溝幅はガイドブッシュ内径より狭くします。

※ガイドブッシュは固定されていますが溝加工はガイドピン径より小さい幅で加工

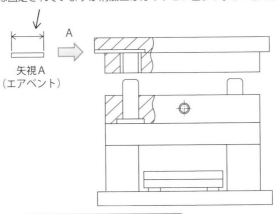

図2　空気逃げ溝加工構造

⚠ 留意点

固定側取付板に溝加工することができない場合、取付板に貫通穴を加工することも検討してもよいでしょう。

11 外段取り時 金型予備加熱

概要

　成形開始の際、射出成形機に金型を取り付け、金型温度を上げますが、成形樹脂材料がエンジニアリングプラスチック、スーパーエンジニアリングプラスチックの場合、金型温度を高温にする必要があります。そのため、金型温度を所定の温度まで上げるために時間を要します。生産性向上のためには外段取りを効率良く行って待ち時間を無くす必要があります。
※例：PPS樹脂の場合、金型温度は、130～160（℃）程度にします。

改善前 Before

　棒ヒータで加熱する場合、下図のように縦方向にヒータを挿入すると、金型の下面に比較して上面側の温度が高くなり、ヒータにトラブルが発生して昇温できなくなります。

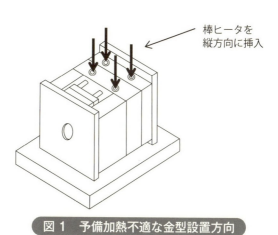

棒ヒータを縦方向に挿入

図1　予備加熱不適な金型設置方向

> **原　因**

　棒ヒータで加熱した高温の空気は下から上方向に循環しますが、その時に、棒ヒータの下部と上部で温度バランスが大きくなるため、ヒータ内で断線などのトラブル発生の原因になります。

改善後　After

　棒ヒータを横方向から挿入できるように金型を設置し、昇温時に温度分布が一様になるようにします。

　また、エンジニアリングプラスチック、スーパーエンジニアリングプラスチックの場合、ワット数が高いヒータを使用して短時間で昇温することの検討も必要です。

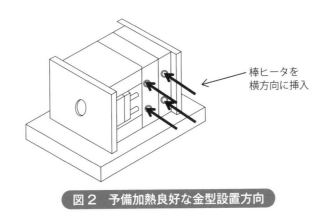

図2　予備加熱良好な金型設置方向

❗ 留意点

棒ヒータで予備加熱を行う場合、時間短縮のためにワット数の大きいヒータを使用することも大切ですが、量産で使用するヒータと異なる場合、穴径が異なることがありますので確認が必要です。

12 エジェクター（突出し）部の防塵対策

> **概要**

所定の生産数の成形終了後、キャビティ・コアを清掃後に防錆剤を塗布して保管棚などに保管します。金型を閉じた状態だけで保管すると、エジェクタープレート部は開いた構造になっているため、この個所からホコリなどの異物が混入して次回の成形時に品質トラブルを発生することがあります。

改善前 Before

一般的には**写真1**に示す形で金型保管棚に保管しますが、エジェクタープレート部はフタなどもなく異物の混入が避けられません。

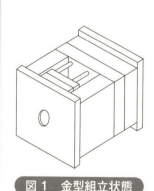

図1　金型組立状態

出典：JU-YOUNG社（MEXICO）

写真1　保管棚での保管状態

第２章　成形段取り、保守・メンテナンスに関する改善ポイント

> 原　因

金型設計時に、成形終了後の金型保管時のことまで考慮した設計を行わなかったため。

> 改善後　After

　成形終了後の金型保管環境による影響も十分に考慮して、金型設計、保管指示書（例：エジェクタープレート部にフタ（**写真2**）を付ける）などの作成を行い注意喚起します。

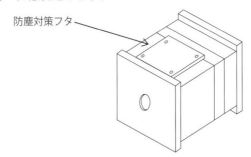

図２　防塵対策フタ組立状態

出典：JU-YOUNG社（MEXICO）

写真２　防塵対策フタ組立状態

> ⚠ 留意点

エジェクタープレート部からのゴミの浸入防止対策ができますが、成形開始前には必ずゴミの侵入有無の確認、清掃を行うことも必要です。

13 キャビティ・コア部の防塵対策

概要

　金型の保管状態が悪いとエジェクタープレート収納部からホコリが侵入します。また、温度・湿度管理されていない場所に保管していると、水滴の付着により"サビ"が発生します。

　射出成形機に取り付けて成形直前に清掃するつもりでも、細部まで清掃することができずに成形品品質不良の原因にもなります。

改善前 Before

　成形終了後、キャビティ・コアには防錆剤を塗布した後、金型を閉じて金型保管場所に長期間保管していました。サビは発生しませんでしたが、キャビティ・コアの製品部表面には糸くずのようなホコリが付着していました。

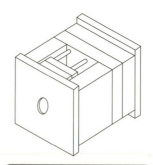

図1　防錆剤塗布済金型

第 2 章 成形段取り、保守・メンテナンスに関する改善ポイント

> 原 因

保管棚に置いていたが、図1のようにエジェクタープレート収納部などの開放部、パーティング面のケアをしていなかった。

改善後 After

パーティング面は全周に 0.2mm 程度の隙間を設けるために、この間にホコリなどが蓄積するため、パーティング面全周をテープで覆います。また、スプルからのホコリの侵入の可能性が大きいためロケートリング部をカバーで覆います。

防塵対策用テーピング

出典：JU-YOUNG 社（MEXICO）

写真3　パーティング部テーピング状態

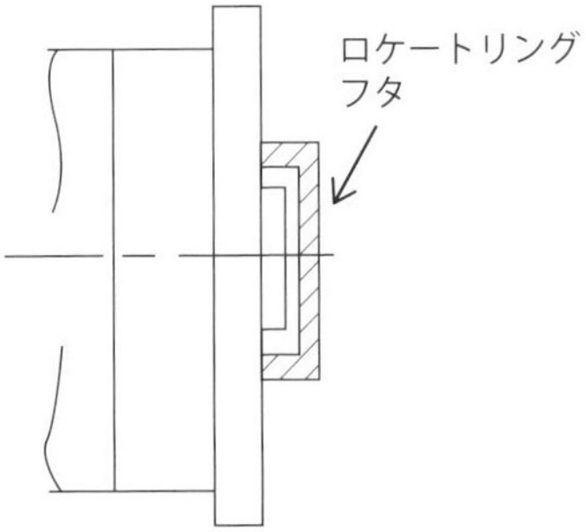

ロケートリングフタ

図2　ロケートリングフタ組立

> 🛈 留意点
>
> 金型のパーティング面全周を覆うテープの接着剤が金型に残らないようにする注意が必要です。

14 メンテナンス容易性 冷却回路

概要

金型メンテナンス時、キャビティ・コアの製品部を重点的にメンテナンスしますが、成形品品質を左右する金型温度調節に関わる回路穴のメンテナンスも重要です。冷却穴は、型板の途中で止めると冷却穴の内壁に付着するスケール、サビにより冷却効率が低下し易くなります。

改善前 Before

穴深さを型板途中で止めて、冷却したい個所の周囲で冷却水を循環させるようにしました。しかし、成形生産数量が多くなり金型温度設定と実際の温度差が大きくなったためメンテナンス時に冷却穴を清掃しようとしたところ水アカの堆積、サビが付着していました。水アカ、サビを除去するために冷却穴内に水に圧力をかけて注入しましたが水アカは十分に除去できませんでした。

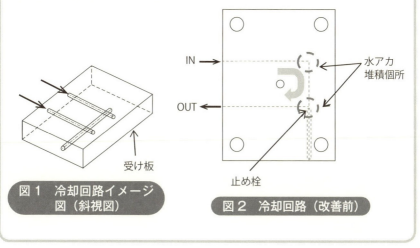

図1 冷却回路イメージ図（斜視図）

図2 冷却回路（改善前）

> **原　因**

冷却穴の加工工数は少なくシンプルな冷却回路ですが、成形終了後の冷却穴清掃時、角部に冷却媒体が残留するため腐食等の不具合が発生します。そのため水アカの除去が十分にできませんでした。

改善後　After

改善後の冷却回路は冷却穴加工時、穴加工長さが長くなるため、加工設備の制約、工数増加がありますが、成形後の穴清掃が容易になり、冷却媒体の残留、腐食の可能性が無くなります。

下図の矢印のような冷却パターンにおいて、いずれの冷却管もストレートで貫通しているため、メンテナンス時、真鍮棒などで冷却管内に堆積した水アカなどの除去が容易にできます。

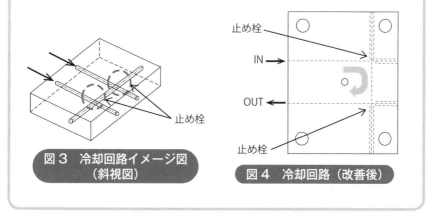

図3　冷却回路イメージ図（斜視図）

図4　冷却回路（改善後）

🛈 留意点

冷却穴回路の設計時、冷却性能、保守、メンテナンス性を優先で考えた設計が重要です。

第3章 成形性向上に関する改善ポイント

1 キャビティ・コアの組立・調整容易化

概要

キャビティ・コア入れ子底面全周の C 面加工のみの場合、C 面部分は簡単に型板に組み込みできますが、キャビティ・コアの垂直側壁部分を型板へ組み付けるのに多くの調整時間が必要になります。

改善前 Before

キャビティ・コアの底面全周に C1 程度加工して型板に嵌合させようと試みましたが、型板との嵌合面積が大きいため組み込みに多くの時間が必要になりました。

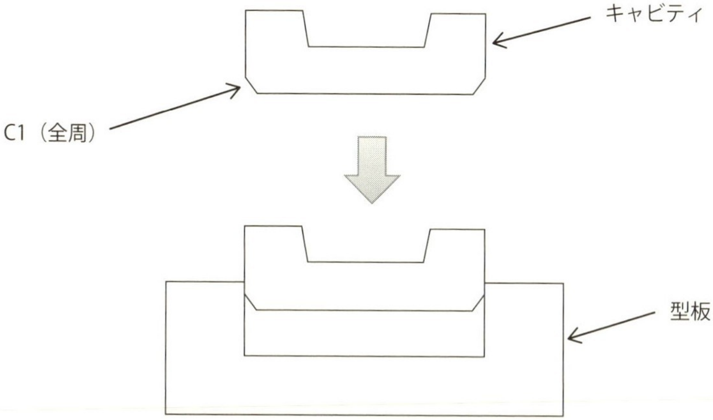

図1 キャビティ嵌合状態（改善前）

第3章　成形性向上に関する改善ポイント

> 原　因

C1程度ではキャビティ・コアを型板に組み付けるとき、C1部は型板に入り込みますが、組み付けに必要な長さ以上の垂直側壁があるため調整、組立に時間がかかります。

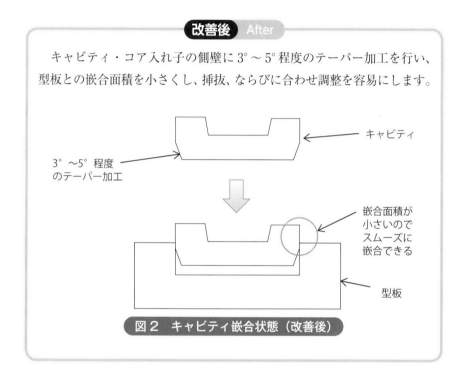

改善後 After

キャビティ・コア入れ子の側壁に3°～5°程度のテーパー加工を行い、型板との嵌合面積を小さくし、挿抜、ならびに合わせ調整を容易にします。

図2　キャビティ嵌合状態（改善後）

> 留意点

キャビティ・コア入れ子の側壁の3°～5°のテーパー加工部を過大に設けると、型板との嵌合部が少なくなり嵌合状態が不安定になるので嵌合量には注意が必要です。

2 ガイドピン高さ－コア高さの関係

概要

"ガイドピン高さ≦コア最大高さ"で設計する初心者、初級者がいますが、キャビティとコアがインロー（はめ込み）する場合は、位置精度の関係で型破損する可能性があります。

型破損をさけるために型締め時は、キャビティ・コア形状部がインローする前にガイドピンをガイドブッシュに挿入する必要があります。

改善前 Before

キャビティ・コアでインローする形状があり、インロー部が**図1**に示しますガイドピン高さより高い場合、インロー形状部の位置精度が確実に出ていないと金型破損などのトラブルを生じます。

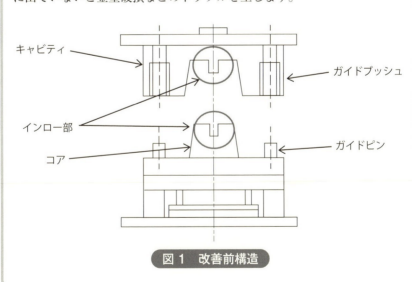

図1 改善前構造

第 3 章　成形性向上に関する改善ポイント

> 原　因

　金型の固定側と可動側を型締めした時の部品干渉などの確認は行いましたが、キャビティ・コアがインローする部分の干渉を考慮せずに設計したため。

改善後 After

　ガイドピンの先端部高さではなく、ガイドピンと確実に嵌合する高さとコア最大高さを確認した上で"ガイドピン高さ＞コア最大高さ"に設計します。

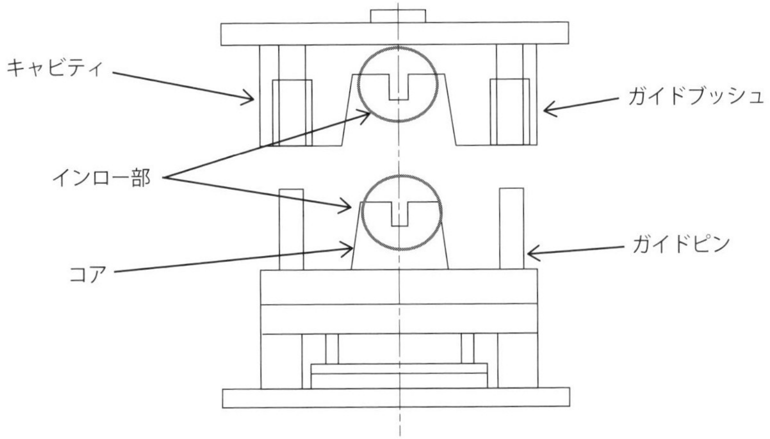

キャビティ
インロー部
コア
ガイドブッシュ
ガイドピン

図2　改善後構造

💡 留意点
金型設計の基本になりますので、ガイドピン高さとキャビティ・コアのインロー部分の高さの関係には十分に注意しなければなりません。

3 冷却効果改善回路

概要

　金型は、成形時に成形品を冷却・固化するための金型温度コントロール回路が必要です。そのために金型の型板などに冷却回路を設けますが、冷却水、油あるいは温水を通す回路パターンによっては適性なコントロールができなくなることがあります。

　金型に冷却水、油、温水を通す場合は、射出成形機に金型を取り付けた時、金型の下面になる地側から注入して、同じく地側から排出するようにします。なお冷却は、金型のなかで最も温度が高いスプル近傍から行うようにします。

改善前 Before

　冷却媒体（冷水、油、温水）を最も外側の冷却穴から注入して反対側の冷却穴から排出する回路に設定したため型板の温度にバラツキが発生しました。

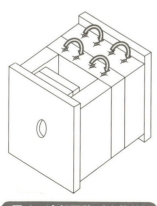

図1　冷却回路（改善前）

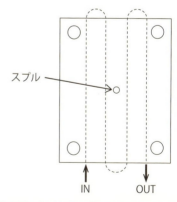

図2　冷却回路（平面図）（改善前）

第3章　成形性向上に関する改善ポイント

> 原　因

冷却媒体を最も外側の冷却穴から注入して、一筆書きの流れパターンにより反対側の冷却穴から排出する回路に設定したため、中央部にある高温のスプル部の冷却が十分にできませんでした。

改善後 After

ジョイントホースの長さは不均一になりますが、金型中央部の高温のスプル部を優先して冷却する回路にすることで型板の温度バラツキが小さくなります。

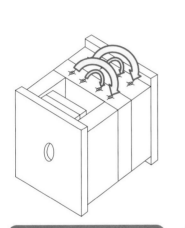

図3　冷却回路（改善後）

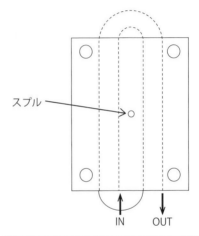

図4　冷却回路（平面図）（改善後）

留意点

改善後の冷却回路設定の場合、冷却媒体の注入口でジョイントホースとの干渉を防止するためにパイプ配管等の使用の検討が必要になることがあります。

4 スプル位置ずれ防止

概要

　ピンゲートを使用する金型の場合、キャビティ、固定側型板にスプル形状加工が必要になることが多いため、キャビティ、固定側型板のスプルの位置ずれを避けるためにスプル径を意識的に変更します。固定側型板にキャビティを組み込む時、加工誤差などにより、スプルとゲートの中心がずれるとスプルの離型ができなくなることがあります。

改善前 Before

　キャビティと固定側型板で形成されるスプル部にずれが生じても成形を可能とするために寸法差を付けましたが、やはり位置ずれにより離型不良、成形中断になりました。

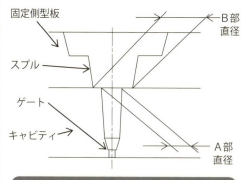

図1　正常状態（B部直径＞A部直径）

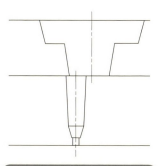

図2　スプル位置ずれ状態

第3章　成形性向上に関する改善ポイント

> 原因

固定側型板に加工したスプル中心とキャビティのゲート中心が各々の部品の加工誤差によりずれたため（**図2**参照）。

改善後 After

キャビティに加工するスプルと固定側型板のスプル形状の位置ずれを防止するために、キャビティ、固定側型板に設ける嵌合穴を共加工し、確実に位置決めするためにノックピンを追加しました。

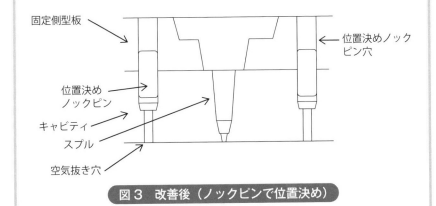

図3　改善後（ノックピンで位置決め）

⚠ 留意点

キャビティ、固定側型板に加工する位置決め用ノックピン穴の嵌合部長さと、ノックピン長さの関係に注意する（ノックピン長さが短すぎると嵌合部から抜ける可能性があります）必要があります。

5 離型不良改善

概要

プラスチックハウジング部品の組み立て製品を製作する時、ハウジング部品外観面側に**図1**のような抜き勾配がゼロのリブ形状がある場合、成形品が可動側（コア）に残らずに固定側（キャビティ）に引っ張られて成形を行うことができなくなります。連続成形を可能にするために、成形品がコア側に残るような改善を行わなければなりません。

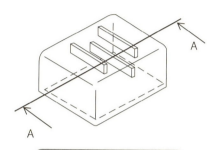

図1　ハウジング斜視図

改善前 Before

金型から成形品を取り出す際に、成形品がキャビティに残って金型から成形品を取り出すことができず、成形の都度キャビティに離型剤を塗布して成形を続けました。

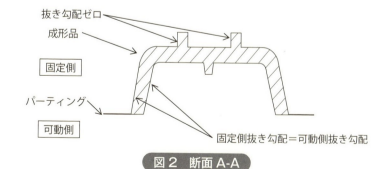

図2　断面 A-A

原因

キャビティ、すなわちハウジングの外観面側にリブなどの形状が多い場合、離型抵抗が大きくなり、キャビティ側に成形品が残りやすくなります。特に図2に示すような抜き勾配ゼロの形状があると、キャビティに成形品が残ることが多くなります。

改善後 After

キャビティとコアの抜き勾配を見直します。型開き時にコアに成形品が確実に残るようにキャビティの抜き勾配に比較して、コアの抜き勾配を小さくします。これにより、コア側から成形品が離型する時の抵抗力を大きくします。抜き勾配の変更が不可能であれば、コアの側壁にシボ加工を行いアンダーカット状態を設けてコア側に成形品が残るようにします。成形品の内壁部になるため機能上は問題ありません。

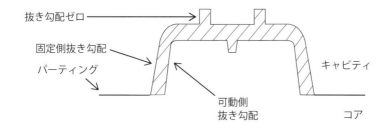

固定側抜き勾配＞可動側の抜き勾配
の関係に設定して、成形品が可動側に残るように。

図3　改善後

⚠ 留意点

離型性改善のために側壁の外周部に抜き勾配を付けても製品仕様上問題ないことを確認する必要があります。またコアにシボ加工する場合でも可否についての確認は必要です。

6 成形品の突出し安定化

概要

マウスのような曲面形状で構成される成形品の場合、成形後のエジェクト時、曲面部をエジェクターピンで突き出す必要がありますが、スベリが発生して成形品を安定して突き出すことができないことがあります。エジェクターピンに追加工を行うことで問題なく成形を行うことが可能になります。

写真1　マウス概観

改善前 Before

成形品外観形状がR形状、斜面形状の場合、金型から成形品を突き出す時、エジェクターピンが成形品の突出し面をスベって安定して突き出すことができません。

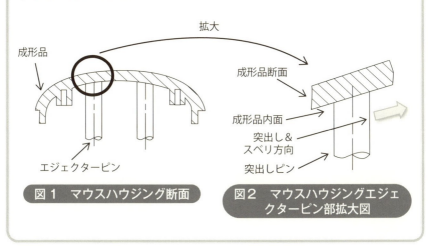

図1　マウスハウジング断面

図2　マウスハウジングエジェクターピン部拡大図

第3章 成形性向上に関する改善ポイント

> 原 因

エジェクターピン先端はR形状、または傾斜加工してありますが、成形品との間に引っ掛かりがないために"スベリ"が発生します。

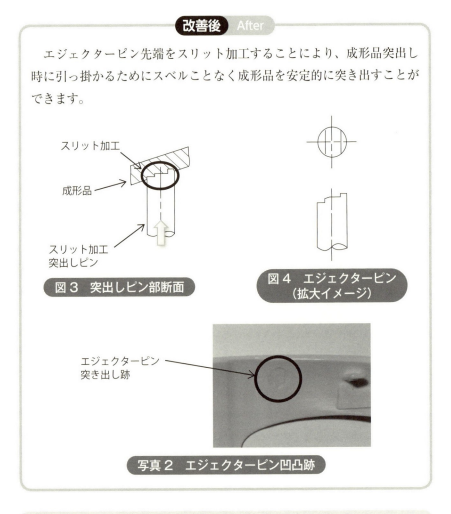

改善後 After

エジェクターピン先端をスリット加工することにより、成形品突出し時に引っ掛かるためにスベルことなく成形品を安定的に突き出すことができます。

図3 突出しピン部断面

図4 エジェクターピン（拡大イメージ）

写真2 エジェクターピン凹凸跡

> 留意点

エジェクターピン表面に凹凸を設けて"スベリ"が発生しない構造にするために、エジェクタープレートとエジェクターピンのツバに回り止め加工が必要になります。若干の加工工数増加による原価アップを事前に想定しておく必要があります。

7 固定側エジェクター構造

概 要

機構部品などの成形品では、キャビティ側、コア側ともにボス、リブなどの形状が多く設けられます。さらには、これらの形状で抜き勾配を付けることができないこともあり、成形後の型開き時、キャビティ側に成形品が残ることがあります。キャビティ側に離型剤を塗布して成形品をコア側に残すことは可能ですが、量産時は、離型剤は使用しない状態で安定して連続成形が可能なことが必要になります。

改善前 Before

成形品の設計データを確認して、キャビティ側、コア側のどちらに成形品が残るか判断した後、コア側に残ると考えて成形した結果、キャビティ側に成形品が取られました。

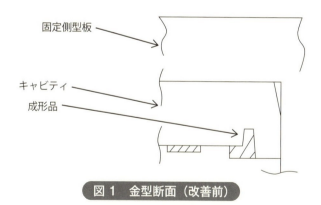

図1 金型断面（改善前）

第3章　成形性向上に関する改善ポイント

> 原　因

　3DCADでモデリングした形状データをもとに、成形品がキャビティ側、コア側と接触する面積を自動で算出したところ、キャビティ側の接触面積よりコア側の接触面積の方が大きかったことから特に離型対策を行わなかったため。

改善後 After

　型開き時にキャビティに成形品が残らないように、強制的に成形品をコアに残すようにプッシャーピンを固定側に設けます。
　プッシャーピン先端を成形品に当てるとともに、金型のパーティング面にも当てるようにしました。

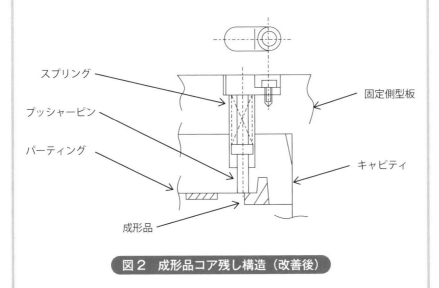

図2　成形品コア残し構造（改善後）

> 留意点

固定側にエジェクターピン【プッシャーピン】を追加するとともに、固定側のボス、リブには最低限の抜きテーパーを付けて固定側からの離型性を改善します。抜き勾配を付ける個所に関しては、必要とされる寸法精度等の確認が必要です。

8 ランナー取られ防止

概要

円形ランナーの採用、あるいはスプル部の抜きテーパーが小さく固定側の離型抵抗が大きい場合、ランナープッシャーピンでランナーを可動側に押し出し、ランナーが固定側に取られる（残る）のを防止します。

改善前 Before

スプル直下にスプルロックピンを設置する以外に、ランナー経路途中にもランナーロックピンを追加してランナーを可動側に残します。成形品形状はキャビティ側に加工され、ランナーの半分も固定側にあるため固定側に残る結果になりました。

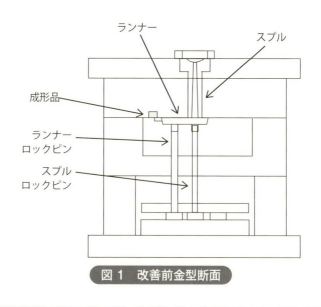

図1 改善前金型断面

第3章　成形性向上に関する改善ポイント

> 原　因

　想定した以上にスプル部、円形ランナーの固定側部の離型抵抗が大きく、ランナーロックピンを追加しても、スプル・ランナーが固定側に取られてしまいました。

改善後　After

　成形品取り出しの際の型開き時、ランナーを確実に可動側に残すために固定側キャビティ内にランナー幅より大きい外径寸法のピンを組み込み、ピンのツバをスプリングで押す構造としてピン先端部の一部はパーティング面に突き当てる構造にします。

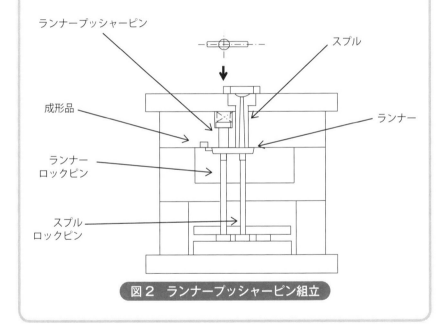

図2　ランナープッシャーピン組立

> 🛈 留意点
> 円形ランナーの場合、可動側（コア側）、固定側（キャビティ側）に各々、半円形状を作りますが、固定側に設けるランナープッシャーピンにも半円形状加工を行うと共に、当該ピンは回り止め構造にします。

9 流動抵抗低減スプルロック構造

概要

成形時は低圧での成形が出来れば全体的に成形品品質も良化します。ただ、流動性の悪いポリエーテルサルフォン、ポリアミドイミドなどでは、ゲート仕様以外にランナー形状、構造も見直しが必要です。一例として3プレートタイプ金型の第2スプル部のスプルロックピン形状部について検討します。

改善前 Before

スプルロックピンを図1に示すような構造で設定しましたが、キャビティに完全充填するために、樹脂温度を高くして流動性を増すとともにキャビティ圧力も高くする必要がありました。

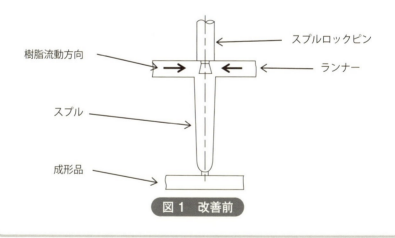

図1 改善前

第3章　成形性向上に関する改善ポイント

> 原　因

ランナー途中にスプルロックピンの先端部形状があり、そこで樹脂流路が狭くなり流動抵抗が大きくなったため。

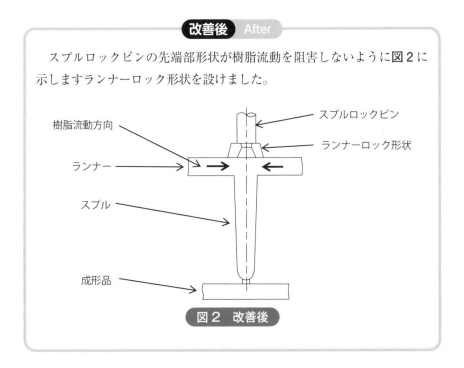

改善後　After

スプルロックピンの先端部形状が樹脂流動を阻害しないように**図2**に示しますランナーロック形状を設けました。

図2　改善後

> 🔔 留意点

スプルロックピンの役割として、第2スプルを金型から確実に離型させる必要もあるため、ランナーロック形状の設計にも注意しなければなりません。

10 キャビティ輪郭側面と型板との干渉防止

概要

樹脂成形品のパーティングが変化している場合、キャビティ・コアのパーティング面の高低も変化しますが、キャビティ・コアの一部形状は型締め時に相手部品側に飛び込む構造になります。

キャビティ・コアの飛び込み形状部が型板と干渉するのを防止する必要があります。

改善前 Before

成形品のパーティングの変化が多く、成形品の高低差が非常に大きい場合、キャビティ・コアと側壁の一部が相手部品側に飛び込む形となり、型板と干渉する場合があります。

※図2の丸印部で干渉します。

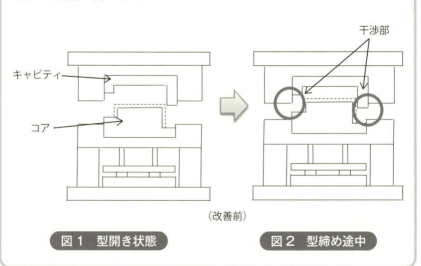

(改善前)

図1 型開き状態　　図2 型締め途中

> 第3章 成形性向上に関する改善ポイント

> **原　因**

キャビティ・コアのパーティングラインの設定に注力し過ぎて、キャビティ・コアの一部が型締め時に相手部品側に飛び込み、型板と干渉する部分の確認もれのため。

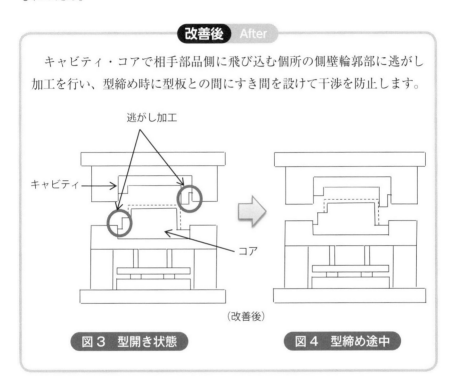

改善後 After

キャビティ・コアで相手部品側に飛び込む個所の側壁輪郭部に逃がし加工を行い、型締め時に型板との間にすき間を設けて干渉を防止します。

図3　型開き状態　　図4　型締め途中

> **⚠ 留意点**
> キャビティ・コアの飛び込む個所の側壁に逃がし加工を行う時、逃がし量を大きくすると強度不足になる可能性があります。樹脂充填圧力で変形してバリ発生などがないように注意する必要があります。

11 サブマリンゲートのエジェクター(突出し)ピン位置

概要

サブマリンゲートは、型開き時にゲート先端部で強制的にゲートカットする構造であり、成形後のゲートカットが不要なため多くの成形品で使用されています。しかし、サブマリンゲートのランナーの突出しがスムーズに行えないと、ゲート部付近が金型内に残ることになり成形トラブルの原因になります。

改善前 Before

成形品、ランナーがスムーズに取り出すことができるように、ランナーの途中に突出し用のボスを設けましたがゲート先端部(傾斜部)が金型内に残るトラブルが発生しました。

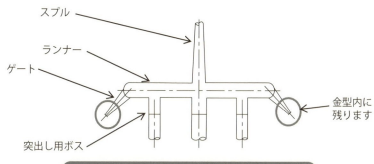

図1 スプル・ランナー・ゲート(改善前)

第3章 成形性向上に関する改善ポイント

> **原　因**

プラスチック本来の弾性を利用して突出しができるにも関わらず、ランナー途中に突出し用ボスを設けたことで、ゲート先端部（傾斜部）とランナー接続部で分離してランナー先端部が金型内に残り易くなります。

改善後 After

プラスチック特有の弾性を利用して、成形品とゲート、ランナーの突出し時に、**図3**のように変形をして金型から離型する構造にしました。

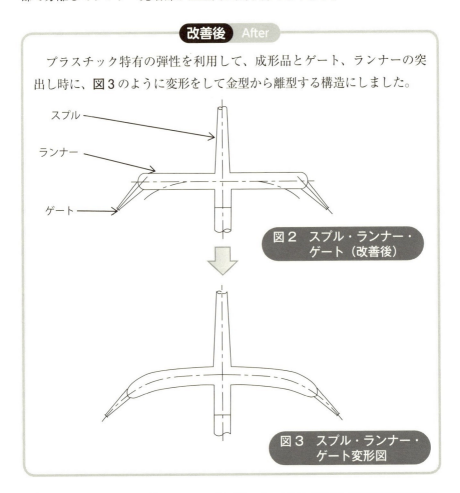

図2　スプル・ランナー・ゲート（改善後）

図3　スプル・ランナー・ゲート変形図

> ⚠ **留意点**
> 成形時に使用するプラスチックの種類、グレードによっては弾性が少ないものもあり、突出し時に"弓なり形状"に変形しない樹脂もあるため、本構造の採用に際しては注意する必要があります。

12 曲面形状成形品のエジェクターピン構造

概要

デザイン性向上のために、成形品も自由曲面など複雑な形状で形成されることが多くなりました。

このような成形品の曲面、あるいは傾斜面をエジェクターピンで突き出す場合、エジェクターピンの先端は、成形品の突出し面の形状に合わせて加工しますがエジェクターピンは回転します。エジェクターピンの回転を防止するために回り止め構造が必要になります。

改善前 Before

エジェクターピンのツバの片側カット、回り止めキーを組み付ける溝加工、回り止めキーで回転を防止する構造が必要なため、加工工数の増加、他部品との干渉問題の発生、キー部品点数が増加しました。

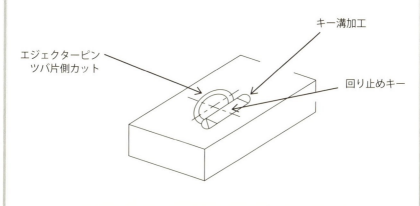

図1 ツバ片側カットによる回り止め（改善前）

> **原因**

エジェクターピンの回り止めの役目をする"回り止めキー"を組み立てるだけで回り止めが可能になるため、エジェクターピンのツバの片側カットのみの設計を行いましたが、組立調整を考慮するとツバ片側カット加工、キー溝加工、キーの製作が必要でした。

改善後 After

エジェクタープレート（上）に、エジェクターピン径と同一寸法の溝加工を行い、エジェクターピンのツバ外径部を2面カット（エジェクターピン径と同一寸法）するだけで組み立てが可能です。また、エジェクターピンの先端部をコアの表面形状に合せて加工します。

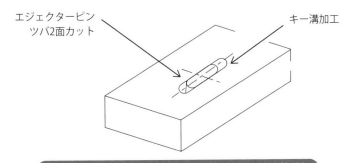

図2　ツバ2面カットによる回り止め（改善後）

> **留意点**
>
> 対策案の形態のエジェクターピンを組み付ける場合、組み付ける向きを間違えないことが必要です。

13 アンダーカット形状の置き駒による処理構造

> **概要**

ハウジング部品の側壁内側にアンダーカット形状がある場合、一般的には傾斜ピンでアンダーカット形状を処理することになりますが、成形品形状によっては処理できないことがあります。

改善前 Before

図1に示すアンダーカット形状を傾斜ピンで処理する設計を行い成形を開始しました。しかし、急遽、設計変更があり、図2のようにアンダーカット部のそばにリブを追加することになり、傾斜ピンがスライドするスペースが殆どなくなり成形不可能になりました。

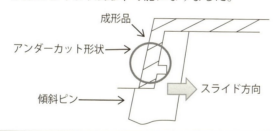

図1 傾斜ピンによるアンダーカット処理構造（成形品設計変更前）

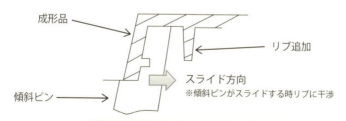

図2 成形品設計変更図（リブ追加）

第3章　成形性向上に関する改善ポイント

> 原　因

アンダーカット形状の近傍にリブが追加されたため、アンダーカット形状から傾斜ピンを離型するためのスライド量が確保できなくなったため。

改善後 After

アンダーカット形状を加工した置き駒をコアの所定位置に組み付けてボールプランジャーで保持した後、成形します。成形品の突出し時、成形品と置き駒が一緒に突き出され、その後、置き駒を取り外します。

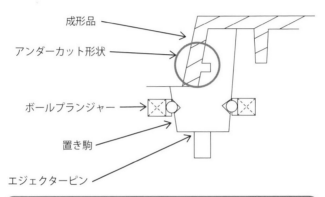

図2　置き駒によるアンダーカット処理構造（改善後）

🛑 留意点

成形品の設計変更で、図2のようなアンダーカット形状の近傍にリブ、あるいはボスを設置する場合、傾斜ピンなどのアンダーカット形状を処理する部品の移動量などとの関係（離型可能か）を確認する必要があります。また、置き駒方式を採用する場合は、連続成形を行うために置き駒は複数個準備します。

14 エジェクター（突出し）時の傾斜ピン動作不良防止

概要

成形品形状の内側にあるアンダーカット処理方式のひとつに傾斜ピンを使用する方法があります。傾斜ピン上面が成形品内面を押し出すとともにスライドしてアンダーカット形状部から離型します。

改善前 Before

傾斜ピン上面と成形品内面とを同一になるように設計しますが、金型の組立公差などにより傾斜ピンの上面が成形品内面より僅かですが凸になっていたため、成形時、成形品が傾斜ピンからスムーズに離型しないという不具合が発生しました。

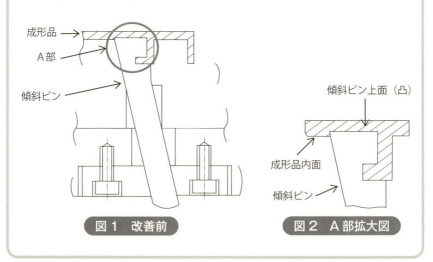

図1　改善前　　　図2　A部拡大図

> 原因

　金型部品加工時の加工公差、これら部品の組立時の累積公差まで考慮せずに金型設計上で問題なしと判断して金型組立後の最終確認を怠って成形を行ったため。

改善後 After

　金型設計段階で部品の加工公差、組立公差を考慮して、傾斜ピン上面を凹（約0.1〜0.2（mm））にします。

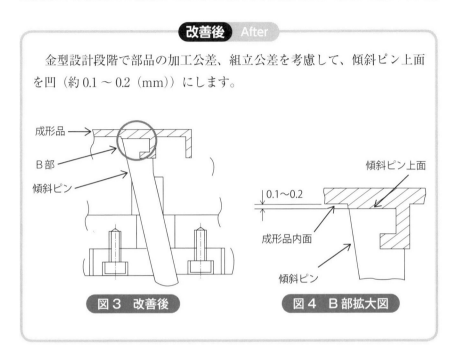

図3　改善後

図4　B部拡大図

⚠ 留意点

傾斜ピン上面高さは成形品内面と同一にせずに、成形品内面に対して意識的に概ね0.1〜0.2（mm）程度凹にします。組立部品との干渉問題がある場合は、製品設計部門に改善提案を行う必要があります。

15 エジェクターピン活用によるアンダーカット形状部の片側取られ防止構造

概要

ハウジング部品の側壁4個所の内、対称側の側壁2個所の内面にアンダーカットがある場合、傾斜ピンで両側のアンダーカット形状を処理します。

改善前 Before

対称側の側壁に同一のアンダーカット形状があり、2本の傾斜ピンからの離型は可能と考えていましたが、成形品の離型時のバランスが悪く片側が型に残るトラブルが発生しました。

※傾斜ピンの形状仕上げ状態の違いの影響はないと考えていました。

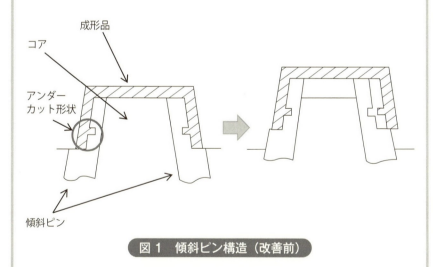

図1 傾斜ピン構造（改善前）

第3章　成形性向上に関する改善ポイント

> **原　因**

左右同じアンダーカット形状から離型する際、アンダーカット部の金型加工状態の出来栄えの差により、左右アンバランスの状態の突出しになります。

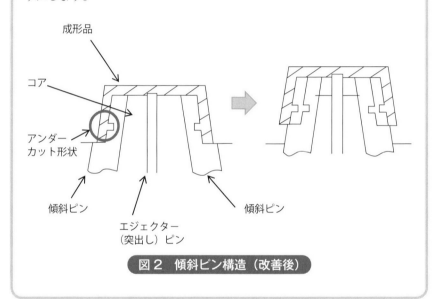

改善後　After

　離型時、両側の傾斜ピンが内側にスライドしながら成形品を突出しますが、成形品に食い込ませるように中央部にエジェクターピンを設けて、成形品の側壁左右にあるアンダーカット部からスムーズに離型できるようにします。

図2　傾斜ピン構造（改善後）

> **!　留意点**
>
> 離型時のバランスを良くするために、エジェクターピンで成形品を保持する構造にしますが、1、2本のエジェクターピン追加でも安定しない場合は、成形品への食い込み量を調整します。

16 スライドコア後退時位置決め構造（1）

概要

スライドコア内に加工した丸穴にスプリングを組み込んでスライドコアを駆動させ、アンダーカット形状処理を行います。

改善前 Before

スライドコア後退時の位置決めはボールプランジャーで対応させる設定でしたが、スライドコア後退時、ボールプランジャーを乗り越えて次の成形が出来なくなりました。

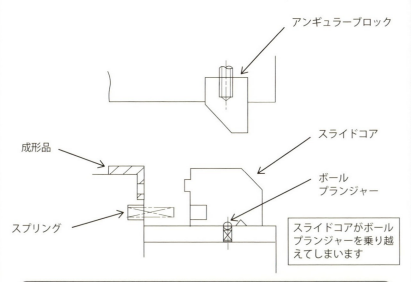

図1　スライドコアのボールプランジャー乗り越え状態（改善前）

原　因

樹脂充填、冷却完了後の型開き動作時に、スライドコアが後退しますが、型開き速度が速い場合、スライドコアが位置決め用ボールプランジャーを乗り越えることがあります。

改善後 After

　スライドコア後退時、所定の位置で止まるためのストッパープレートを設け、スライドコアの駆動はスライドコア外部に設けたスプリングで行います。スライドコア内部にスプリングを収納する構造の場合、特に、スーパーエンジニアリングプラスチックを成形する時は金型温度は130～150℃程度が必要になり、スプリングの弾性係数にも微妙に影響することが考えられます。リスク回避のためにも、スライドコアを外部に設けたスプリングで作動（後退）させる構造にしました。

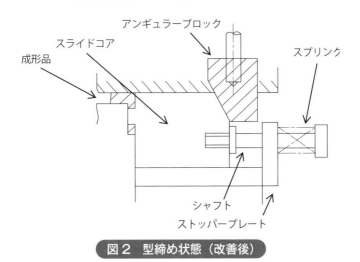

図2　型締め状態（改善後）

留意点

改善後の（天）・（地）側スライド構造において、スライドコアとシャフトを繋ぐネジ部に緩みが発生しないことを定期的に確認します。緩みがあると重力の影響でスライドコアが所定の位置に戻すことができなくなります。

17 スライドコア後退時位置決め構造（2）

概要

アンダーカット処理方法のスライドコア方式で、成形サイクル短縮のために型開き速度を早くした時、スライドコアが所定の位置で止まらずにストッパーを乗り越えた位置で停止したため、次の成形を行うことが出来ませんでした。

スライドコアは設計で定めた位置に確実に停止させることが必要です。

改善前 Before

成形終了後の型開き時、スライドコアが後退しますが、スライドコアの位置決めはボールプランジャーのスプリングの復元力で行う構造にしていました。

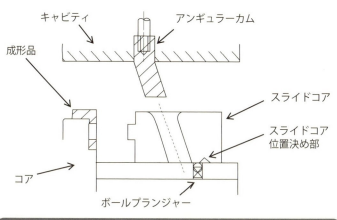

図1 スライドコア異常位置（乗り越え）停止状態（改善前）

第３章　成形性向上に関する改善ポイント

> **原　因**

　スライドコアの位置決めがボールプランジャーのみの場合、成形サイクル短縮などのために型開き速度を早めるとボールプランジャーを乗り越えることがあります。

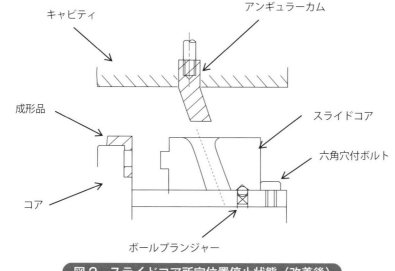

改善後　After

　スライドコア後退時に、確実に所定位置で位置決めするためにストッパー用六角穴付ボルトを設けて六角穴付ボルトの頭の部分でスライドコアを停止させます。

図２　スライドコア所定位置停止状態（改善後）

> **留意点**

ストッパー用六角穴付ボルトの設置位置は、スライドコアが後退時にストッパーに当たる反動で再度、ボールプランジャーを乗り越えない位置に設置します。また、成形前の動作確認時にスライドコアが所定位置で安定して停止するのを確認します。

18 スライドコア内エジェクター(突出し)構造

概要

　成形品側壁にボス、リブ形状があり、スライドコアで形成する場合、スライドコアからの離型時、成形品がスライドコアに残ることを防止する必要があります。

改善前 Before

　図1に示すような抜き勾配がゼロのリブが成形品側壁にある時、スライドコアを使用しましたが、成形後、スライドコアが戻る際にスライドコアにリブが残りました。

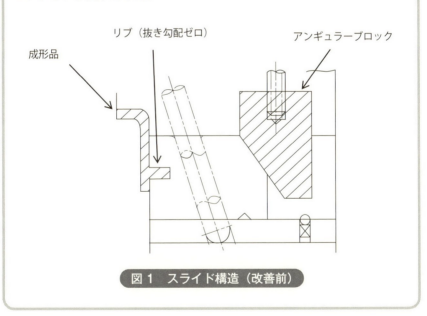

図1　スライド構造（改善前）

> **原　因**

　成形品側壁のボス、リブに抜き勾配がないため離型抵抗によりスライドコアにボス、リブが残ります。

改善後　After

　スライドコア内部に、スプリング、プッシャーピン、保持ピンで構成するボスの押し付け機構を設け、型開き時にアンギュラーブロックの垂直壁でプッシャーピンが所定位置で停止することでスライドコアからボス、リブを離型します。

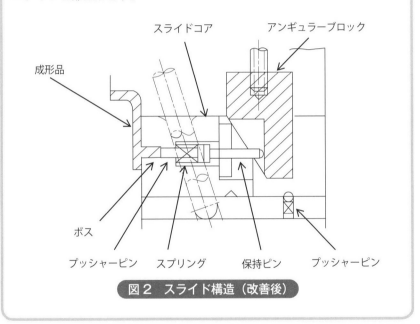

図2　スライド構造（改善後）

! 留意点

側壁のボス、リブに抜き勾配が付けられる場合は抜き勾配で離型性を確保します。しかし、ボス、リブに抜き勾配が付けられない場合は当該構造の採用を検討します。

19 スライドコア "カジリ"防止（1）

概要

金型温度を高温状態に設定して連続成形する際、スライドコアとスライドコアの下の部材が同材質の場合、凝着による"カジリ"が発生しやすく、材質変更等によるカジリ防止対策が必要になります。

改善前 Before

スライドコアに凹溝形状加工を行い、接触面積を減らしてスライドコアの摺動時に型板との凝着によるカジリ防止対策を行いましたが、カジリを防ぐことは出来ませんでした。

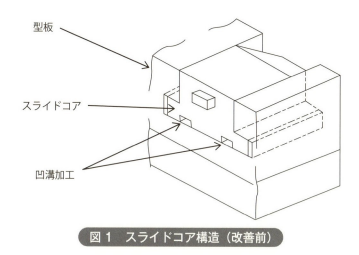

図1 スライドコア構造（改善前）

第3章　成形性向上に関する改善ポイント

> 原　因

標準モールドベースは、主にS50C、S55Cなどの機械構造用炭素鋼が使用されていますが、スライドコアも同質材を使用することがあり、摺動時、凝着によるカジリが発生することがあります。

改善後 After

　スライドコアの真下には材質の異なるウエアプレートを設けました。また、スライドコアの高精度な位置決めを行うためにガイドブロックを設けました。異種材質の使用と併せて、表面処理などによる硬度アップも必要です。

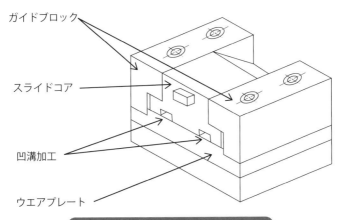

図2　スライドコア構造（改善後）

🛈 留意点

エンジニアリングプラスチック、スーパーエンジニアリングプラスチックを成形する金型は、金型温度を高温に設定する必要があります。凝着防止のため、スライドコアと接する周囲の部品材質の選定、熱処理の有無には特に注意が必要です。

20 スライドコア "カジリ"防止(2)

概要

金型温度を高温状態にして連続成形する際、スライドコアと摺動する相手部材が同材質の場合、凝着による"カジリ"が発生するため、含油プレートの採用によりカジリを防止します。

改善前 Before

スライドコアとアンギュラーブロックは成形の都度、接触・摩擦します。成形を繰り返しているうちに、スライドコア、アンギュラーブロックにカジリが発生しました。

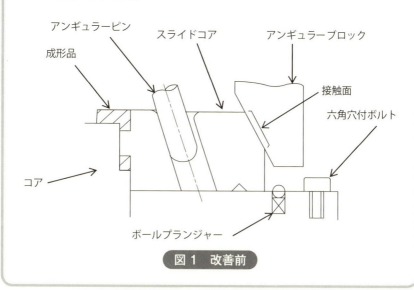

図1 改善前

第3章　成形性向上に関する改善ポイント

> 原　因

　スライドコアとアンギュラーブロックの接触面積は小さいため、同質材を使用しても問題ないと判断したため。

改善後 After

　スライドコア、アンギュラーブロックは各々異質材で高硬度に表面処理した部品を使用します。また、スライドコアのアンギュラーブロックが接する面に含油プレートを介在させて摩擦低減、金属同士の凝着を防止します。

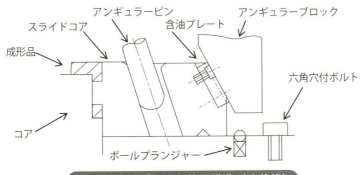

図2　含油プレート使用構造（改善後）

写真1　含油プレート組立状態（改善後）

> ⚠ 留意点

エンジニアリングプラスチック、スーパーエンジニアリングプラスチックを成形する金型は、金型温度を高温に設定する必要があるため、凝着防止のためスライドコアと接する面の間に含油プレートを介在させます。また、スライドコアが大型の場合、スライドコアの摺動面にも含油プレートを使用します。

21 スライドコアの ガス逃げ構造

概要

樹脂から発生するガス、あるいはキャビティ・コア内の空気を排出するエアーベントは主にキャビティ・コア製品部の外側に設けられますが、ハウジングの側壁に角穴などのアンダーカット形状がある場合は、アンダーカット形状の周囲にエアーベントを設けるのが効果的です。

改善前 Before

角穴のアンダーカット形状の周囲にエアーベント溝加工を行い、空気を逃がす構造を設定しました。しかし、成形品にエアーベント溝のラインが薄く転写されたのが確認されました。また、角穴周囲のウエルドラインが目立ちました。

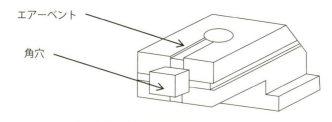

図1 エアーベント構造(改善前)

第3章 成形性向上に関する改善ポイント

> 原 因

　角穴周囲のエアーベント溝だけでは十分なガス逃げ対策になっていなかったため。

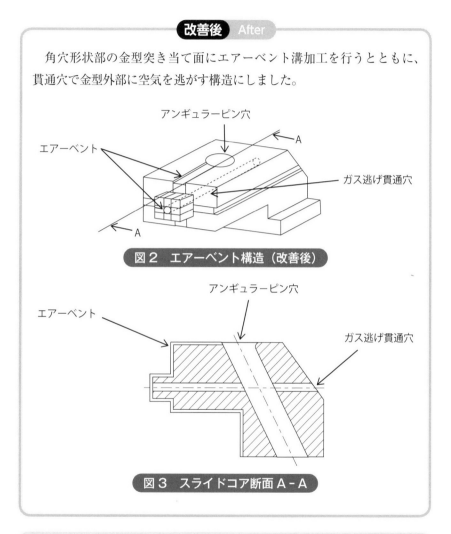

改善後 After

　角穴形状部の金型突き当て面にエアーベント溝加工を行うとともに、貫通穴で金型外部に空気を逃がす構造にしました。

図2　エアーベント構造（改善後）

図3　スライドコア断面A-A

⚠ 留意点

スライドコア内に貫通穴を設けるとアンギュラーピン穴と干渉しますが、空気が逃げ易いように横穴を開けることも検討が必要です。

22 内ネジ成形品の安定成形

概要

内側に雌ネジがある成形品の成形は、ネジ加工した金型部品を使用して行いますが、成形後はネジ部品を反時計回りに回転して金型から離型します。

改善前 Before

成形後、内ネジ成形品を離型する時、ネジ部品を反時計方向に回転させるとともにエジェクターピンで突出しますが、この時に内ネジ成形品も一緒に回転することがあり安定して成形することが困難でした。

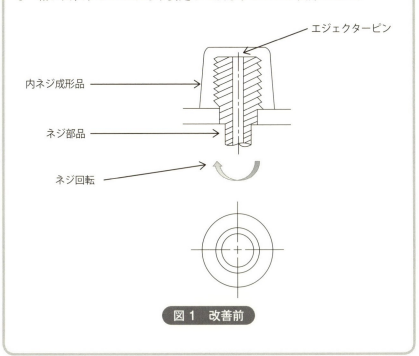

図1 改善前

第 3 章　成形性向上に関する改善ポイント

> 原　因

成形品のネジ形状部が金型のネジ部に密着しているためネジ部品からの離型が困難になります。

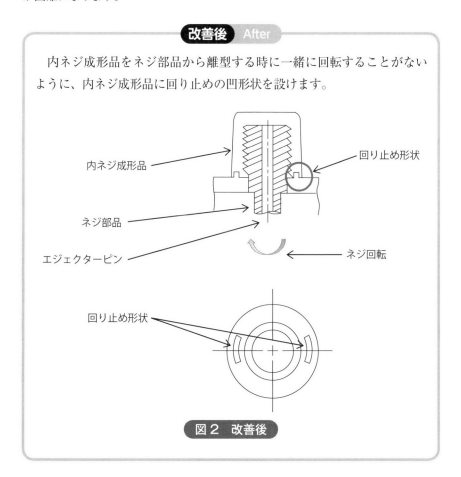

内ネジ成形品をネジ部品から離型する時に一緒に回転することがないように、内ネジ成形品に回り止めの凹形状を設けます。

図2　改善後

> 留意点

成形トラブル回避の視点から、ネジ成形品の座の部分に凹形状を設けますが、製品の要求仕様上問題ないことを確認する必要があります。

23 3プレートタイプ金型の スプル・ランナー自動落下構造

概要

成形の自動化を行う際に、3プレート金型の場合、不要部材は、1次スプル・ランナー、2次スプルになります。1次スプル・ランナー、2次スプルを確実に自動落下させることが安定・連続成形を行う上では必要になります。

改善前 Before

2個所にプッシャーピンを設置するとランナーが均等に突き出されるため、固定側型板に入り込み、連続成形が不可能になることがあります。

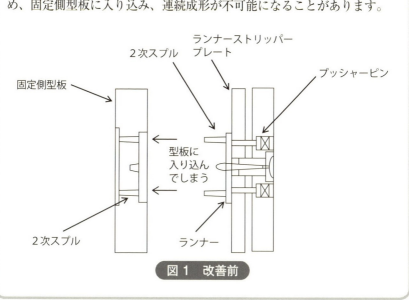

図1　改善前

> **原因**

　スプル、ランナーの突出しをプッシャーピンで行う設計は良い考えでしたが、上、下側にプッシャーピンを設置したためにスプル・ランナーが水平方向に突き出されて、再度、金型の中に入り込んでしまうことがあります。

改善後 After

　スプル・ランナーが均等に水平方向に突き出されることがないように上側の1個所のみにプッシャーピンを設けて、**図2**に示す矢印方向に確実に落下させます。また、**図3**に示すスプル・ランナーのなかで、最大長さより大きな寸法になるように型開き寸法を設定します。

※図2に示すL寸法は、図3に示す、L1、L2、L3の寸法全てより大きいことが必要。

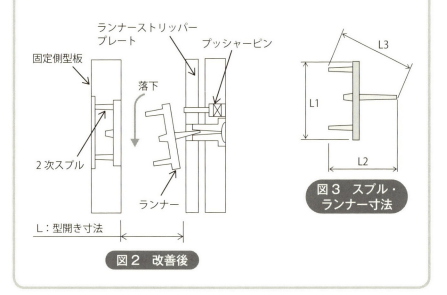

図2　改善後

図3　スプル・ランナー寸法

> **留意点**
> 成形開始後に、スプル・ランナーが設計思想通りに確実に自動落下するのを確認します。金型内に残留した場合を想定し、カメラの設置により、金型内に残留したスプル・ランナーを感知し、型締め動作を止める仕組みを構築します。

24 スプル・ランナー取り出し機使用時のトラブル防止

概要

成形の自動化を進めるうえで、成形品、スプル・ランナーの自動取り出しが必要になります。特に、スプル・ランナーの自動取り出しは、ピンゲートを使用する3プレートタイプ金型で使用しますが、成形の際、安定してスプル・ランナーの取り出しが可能なランナー位置決め構造が必要になります。

改善前 Before

スプル・ランナーはランナーストリッパープレートから離型した後、取り出し機が2次スプルを掴んで金型から取り出しますが、図1の矢視A図のように、スプル・ランナーが矢印方向に回転することがあり安定成形ができませんでした。

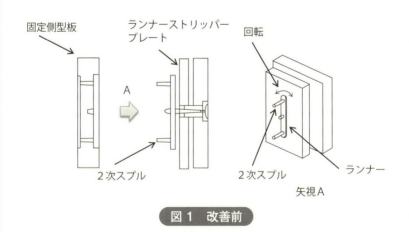

図1　改善前

> **原因**

　成形開始時、スプル・ランナーの取り出し機による掴む位置の決定をします。しかし、成形サイクル短縮のために型開き速度を上げるとランナーストリッパープレートによるランナーの突出し時の慣性力が大きくなりスプル・ランナーが回転し、取り出し機で掴めなくなります。

改善後 After

　スプル・ランナーを取り出し機で確実に掴むことができる位置に安定して止めるために、ランナーの回転を防止する位置決めピンを設けました。

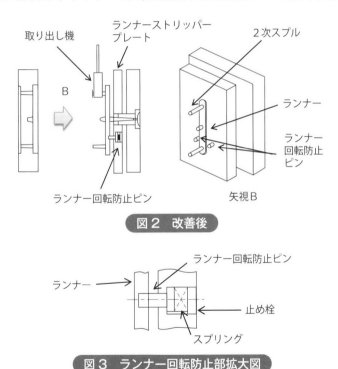

図2　改善後

図3　ランナー回転防止部拡大図

⚠ 留意点
ランナー回転防止ピンをランナーストリッパープレートに2個所設けますが冷却回路などとの干渉に注意しなければなりません。

25 横型成形機でのインサート品保持構造

概 要

プラスチック製品の高付加価値化のひとつとしてインサート成形製品があります。インサート成形は主に縦型射出成形機を使用する場合が多いですが、一般的な横型射出成形機で成形する場合、インサート品の自重による落下を防止するために、インサート品を保持する構造が必要になります。

改善前 Before

成形工場内で使用するエアーガンを活用して、**図1**のようにパイプ管内に空気を吹き込んでインサート品近傍で負圧を発生させてインサート品を吸引・保持します。しかし、重量のある物を吸引・保持する際は落下することもありました。

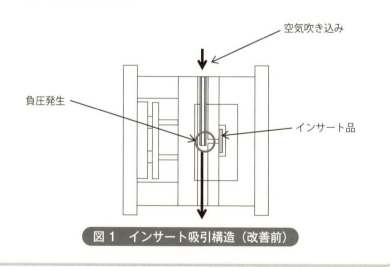

図1 インサート吸引構造（改善前）

第3章　成形性向上に関する改善ポイント

> 原　因

　インサート品を負圧により保持できても、成形時、可動側（インサート品保持側）が移動して型締めする際、型締め直前で移動速度をダウンさせるため慣性力によりインサート品が落下し易くなります。また、重力の影響もあり、重量のあるインサート品の保持は困難です。

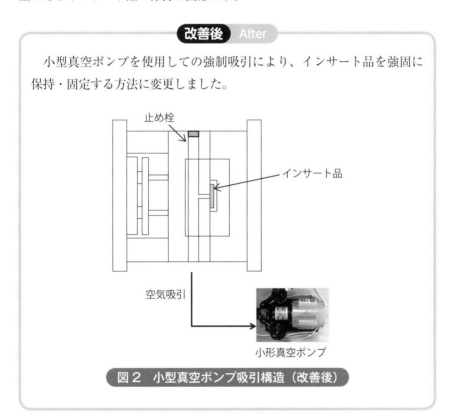

図2　小形真空ポンプ吸引構造（改善後）

> ⚠ 留意点

インサート品を強固に吸引保持するには小形真空ポンプで対応可能ですが、成形毎に吸引 ON-OFF はできませんので常時吸引状態にします。微小なゴミなどを吸引する可能性がありますので金型の汚れには注意する必要があります。また、成形品突出し時の際、インサート品は吸引していますのでスムーズな離型が可能か否かも確認します。

26 真空吸引度向上

概要

樹脂の充填性向上、成形品内のボイド低減対策として金型のキャビティ・コア内の空気を吸引して成形を行うことがありますが、キャビティ・コア内に残る空気の吸引だけでは当初の目的を達成することが難しい場合があります。その対策として、金型全体を真空構造にする方法を採用します。

改善前 Before

成形品周囲をOリング、あるいはシリコーンゴムでシールすると共に、吸引装置で金型内のキャビティ・コア内の空気を吸引しましたが、真空レベルが不十分であり、樹脂の充填性向上、成形品内のボイド低減について十分な効果を得ることができませんでした。

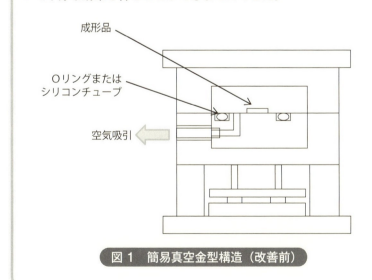

図1　簡易真空金型構造（改善前）

第3章　成形性向上に関する改善ポイント

> 原 因

キャビティ・コア部の空気の吸引を行いましたが、エジェクターピン収納部などから空気が侵入するため真空度が不足していました。

改善後 After

キャビティ・コア成形品部の周囲のシール以外に、型板、取り付け板間もシリコーンチューブ等でシールをします。さらにエジェクタープレート収納部の密閉を確実に行います。

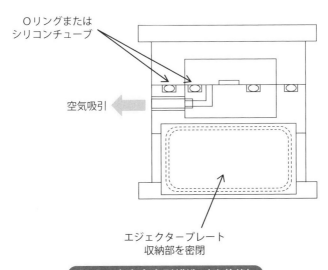

図2　高真空金型構造（改善後）

🛈 **留意点**
要求される真空度を考慮して、エジェクタープレート収納部、さらには、エジェクタープレートの突出しロット穴部、他部位のシールの要否を検討して、真空度低下が懸念される時は、積極的に吸引構造を採用します。

第4章 成形品品質に関する改善ポイント

1 ボス上面のヒケ発生防止

概要

部品固定のためのボスがある成形品の外観面側にわずかなヒケ（凹形状）が発生することがあります。意匠が重視される成形品の場合、不良品になるためヒケはなくさなければなりません。ヒケは、主に、ボスがある個所の冷却の時間差で発生するため、成形品設計段階で冷却時間差がなくなるように肉厚の均一化が必要です。

改善前 Before

ボスの真上付近にヒケ（**写真 1：丸部**）が発生しました。

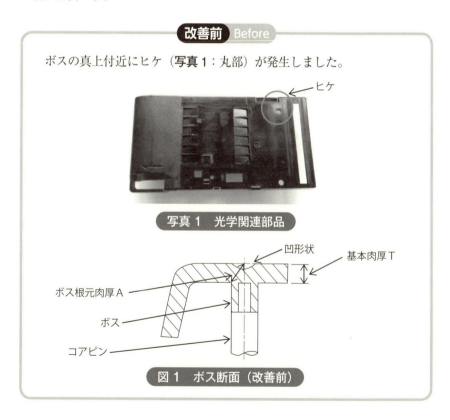

写真1 光学関連部品

図1 ボス断面（改善前）

> **原　因**

基本肉厚Tに比較してボス根元肉厚Aは、A＞Tの関係となり、T部に比較してA部の冷却時間が長くなるためにボスの真上付近にヒケが発生します。

※基本肉厚：成形部品で主要形状部の肉厚

改善後 After

　基本肉厚T部とボス根元肉厚A部の冷却時間を同一にするために、ボス根元肉厚Aを基本肉厚Tと同等になるように設定します。そのために、ボス根元に肉抜き加工を行い、ヒケ防止対策を確実に行いました。

　強度面で不安がある場合は、金型の肉抜き形状部を削りながらヒケの確認も行います。また、フローマークの発生を防止するためにコアピン先端部にR形状加工を行い樹脂流動による抵抗を低減しました。

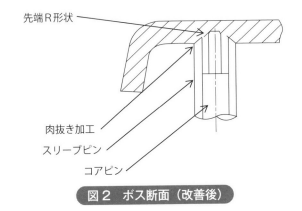

図2　ボス断面（改善後）

> **留意点**
> ボス根元に肉抜き形状を設けることで、ボスの曲げ強度などの低下が想定される時は、補強のためにリブを追加することも必要です。

2 補強形状のヒケ防止

概要

部品強度向上を図るために補強形状を追加する場合、部品の肉厚を考慮せずに形状を追加するとヒケが発生するため、部品設計段階では、"基本肉厚の約70〜80%の厚みにする"を念頭に肉抜きを行います。

改善前 Before

図1のA部の強度アップを図るためにB部形状を追加しましたが、強度アップは実現できるものの外観面にヒケが発生しました。

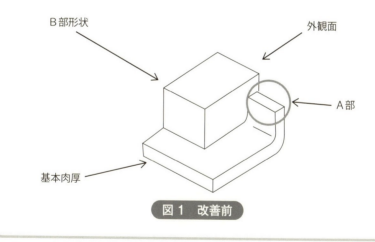

図1　改善前

> **原　因**

A部に比べてB部肉厚が厚いためにA部とB部の冷却時間に差が発生するため。

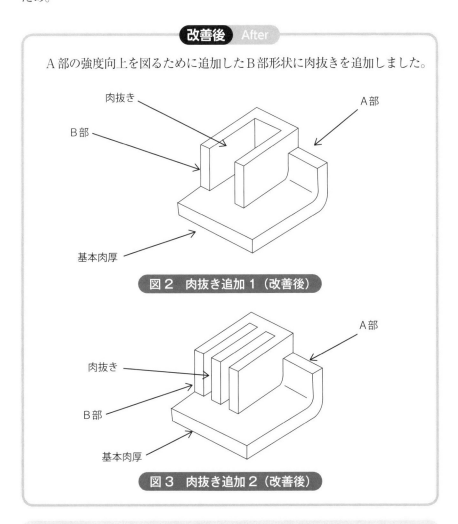

図2　肉抜き追加1（改善後）

図3　肉抜き追加2（改善後）

❗ 留意点

強度向上のための形状は、**図2、図3**に示すような形状もあれば、リブ形状の追加もあるため、アセンブリする部品との嵌合確認を行いながら検討する必要があります。形状が決定されたら、ヒケ防止のための設計の基本を念頭に設計を行います。

3 シボ加工成形品 品質不良改善

概 要

外観製品では意匠性向上のために、鏡面が必要であったり、艶消しが必要であったりなど外観面に各種処理を施す場合があります。これら意匠性向上のひとつとしてシボ加工があります。シボ加工したハウジング2部品を組み立てる場合、嵌合部は肉厚を薄くしますが、薄肉部とそれ以外の一般肉厚部でシボの基調が異なることがあります。機能上は問題ありませんが意匠を重視する関係上、品質不良になるため改善が必要になります。

改善前 Before

ハウジング部品の外観シボ加工品で、部品嵌合部の肉厚が薄くなる個所において薄肉部と基本肉厚部のシボの基調が異なってしまいました。

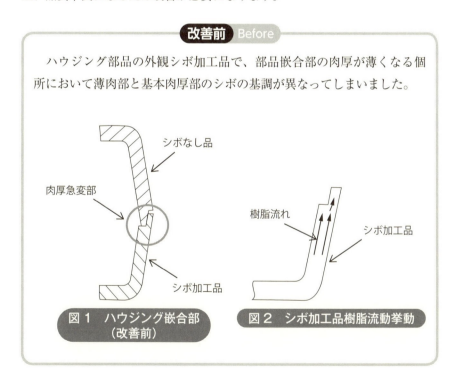

図1 ハウジング嵌合部（改善前）

図2 シボ加工品樹脂流動挙動

> **原　因**

樹脂を金型内に充填時、成形品の肉厚を急激に変化させると樹脂の充填がスムーズにできずに、低圧で樹脂を充填する場合はショート気味になり、肉厚急変部でシボ基調が変わります。

改善後 After

部品嵌合部など肉厚を薄くする必要がある個所では、薄肉部に樹脂が確実に充填できるように肉厚を徐変します。図3の嵌合構造でハウジング部品同士の嵌合が不十分の場合、図5のようにリブを追加する必要があります。

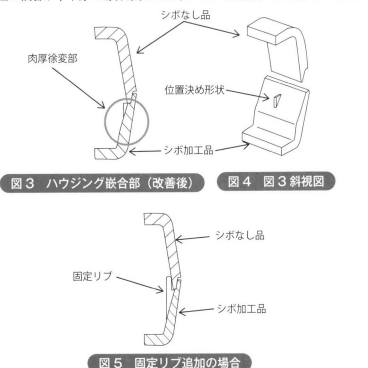

図3　ハウジング嵌合部（改善後）　　図4　図3斜視図

図5　固定リブ追加の場合

⚠ 留意点

ハウジングの嵌合方法に大きな変更はありませんが、嵌合部強度の向上などが必要な場合はリブの追加などを検討する必要があります。

4 カバーの爪削り防止

概要

板金部品にプラスチック製カバーを組み立てる場合、プラスチック爪の弾性を利用する方法がありますが、板金部品側の爪を挿入する穴の製作方法、また、プラスチックカバーの爪の変形強さによって爪が一部削られることがあります。このような場合、板金部品の製作方法に伴って生じる品質を考慮してプラスチックカバーの爪部分の弾性力の調整が可能な構造にすることが必要です。

改善前 Before

プラスチックカバーを板金に組み立てると黒色部が削れる不具合が発生したため、板金側の穴を大きくしましたが嵌合力が弱くなり最適な組立条件を探すことができませんでした。

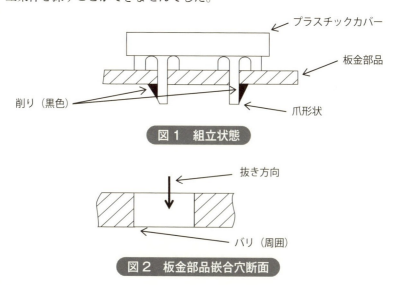

図1 組立状態

図2 板金部品嵌合穴断面

> 原因

　板金底面の穴のコーナー部には抜きで発生するバリがあるため、プラスチックカバーを組み立てると削れることが判明しました。また、プラスチックカバーの肉厚が厚いため、全体に弾性変形する量が小さく、爪部の嵌合がきついことが分かりました。

改善後 After

　板金部品への組立時に、プラスチックカバーが弾性変形してスムーズに嵌合可能なように金型構造を見直し（入れ子構造）て、カバーの肉厚を薄くしました。

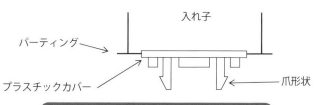

図3　プラスチックカバー金型構造断面

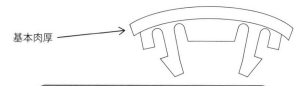

図4　プラスチックカバー弾性変形状態

🛈 留意点

基本肉厚部を薄くすることで曲げの変形量を大きくでき、板金部品へ組み立てしやすくなりますが、過度な薄肉は強度低下を招くために修正時は十分に注意することが大切です。

5 キートップ天面の ウエルドライン発生防止

概要

ノートPCを始めとして電子機器で使用するキートップなどの成形品は、外観を重視する製品のために外観面にゲートを設けられず、外観に影響しないサイドゲート、サイドジャンプゲート方式が使用されます。しかし、いずれの方式も外観面にウエルドラインが発生することがあります。

改善前 Before

肉厚一定を前提に設計した結果、ウエルドラインを目立たなくするために、①樹脂の充填速度を遅くする、②ガスベントを多く加工する、などをしても効果的な改善ができませんでした。

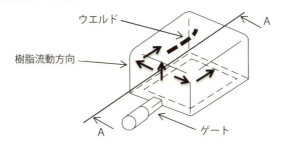

図1 均一肉厚のキートップ（改善前）

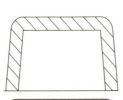

図2 断面A-A

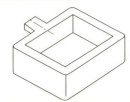

図3 キートップ（内面側）

第 4 章　成形品品質に関する改善ポイント

> 原　因

　キートップの側壁肉厚と、ゲート側縦壁肉厚が同一の時、**図1**に示す位置にゲートを設けて樹脂を充填すると、樹脂は縦壁に沿って上面に流れるとともに、両側の側壁からも回り込んで上面に流れるために外観で重要な上面にウェルドラインが発生します。

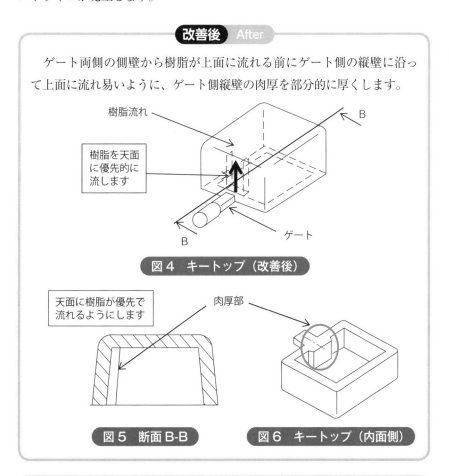

改善後　After

　ゲート両側の側壁から樹脂が上面に流れる前にゲート側の縦壁に沿って上面に流れ易いように、ゲート側縦壁の肉厚を部分的に厚くします。

図4　キートップ（改善後）

図5　断面 B-B　　　図6　キートップ（内面側）

> 留意点

キートップのゲート側縦壁部の肉厚を一部分でも厚くするため、キートップを組み付ける部品との干渉チェックが必要です。また、肉厚を厚くした個所でヒケが発生しないように注意する必要があります。

6 外周パーティングラインのバリ発生防止

概要

デスクトップパソコン本体のフロントカバーなどは意匠性向上のために、多くの製品はシボ加工されています。外観面をシボ加工したこれらフロントカバーなどは、外周パーティング面がバリ気味になることがあります。

改善前 Before

キャビティのパーティング面も研削加工で仕上げ加工を行い、最後にシボ加工を実施しました。シボ加工したキャビティを用いて成形を行ったところ、パーティング周囲がバリ気味になりました。

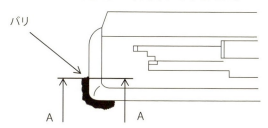

図1　フロントカバーバリ発生状況（改善前）

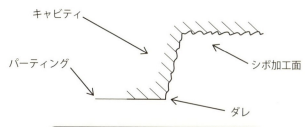

図2　断面A-Aに相当する金型断面

第4章　成形品品質に関する改善ポイント

> 原因

図1に示すパーティング面にバリが発生していましたが、図2に示す金型のキャビティパーティング面のシボ加工部にダレが発生していたためであることが判明しました。

改善後 After

パーティング面のシボ加工部がダレないように、パーティング面に研磨代を残した状態でシボ加工を行った後にパーティング面の研磨加工を行い、最終仕上げを完了します。

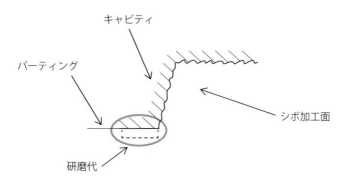

留意点

シボ加工後、パーティング面を研磨して仕上げた個所のダレの有無を確認します。成形開始後、しばらくはシボ加工面に問題がなくても生産数量が多くなるに従い、キャビティの製品輪郭部に摩耗が発生することがあります。再度、パーティング面の再研磨が必要な場合は、研磨加工分、非常に僅かですが成形品高さが変わりますので、品質上、問題ないことを確認します。

7 2個取り金型の1個取り成形時のバリ発生防止

概要

2個取り金型で一つのキャビティのトラブルにより1個取りで使用しなければならない場合、トラブルのキャビティを外して成形するケースを見受けますが、このような状態で成形する場合、使用中のキャビティでバリなどの品質不良が発生することがあります。

改善前 Before

二つのキャビティの内、NO.2キャビティで寸法不良個所が発生したため、金型から本キャビティを抜いてオープンにしてNO.1キャビティのみで成形した際、使用中のキャビティでバリが発生しました。

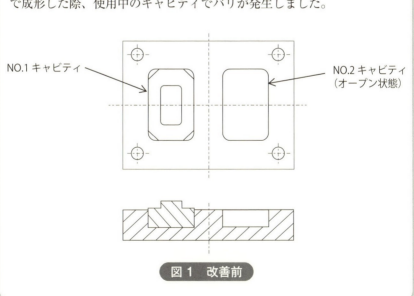

NO.1キャビティ
NO.2キャビティ（オープン状態）

図1　改善前

> 原　因

2個取り金型で、一つのキャビティのみの成形時、他キャビティ部をオープンにした状態での成形だったため、樹脂充填時にNO.1キャビティ部品側に充填圧力が負荷してパーティング面が開き気味になりバリが発生しました。

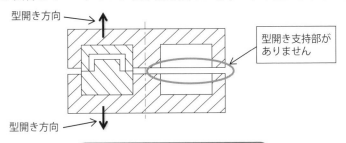

図2　成形時金型断面（改善前）

改善後　After

成形で使用しないキャビティ側はオープン状態にしないで、樹脂充填圧による片開きを防止するためにバランスブロックを組み込むのが重要です。

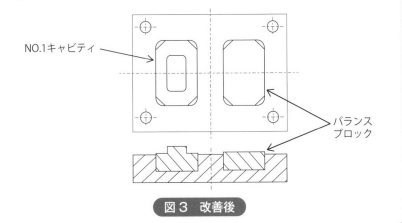

図3　改善後

> **留意点**
> 型締め時、バランスブロック平面の当たり（光明丹などで確認）は、1キャビティと同等レベルに調整します。

8 ボタン穴の バリ、ショート防止対策

概要

　OA機器、特にボタンがある製品において、ボタン穴の操作面側の輪郭部が成形品設計で鋭角になっていると、この穴の周囲でショート、あるいはバリが発生することがあります。手が触れる個所でもあるため改善が必要です。

改善前 Before

　キートップの組み立て時のクリアランスの均一化を重視し、また、金型加工容易性を考慮して設計しましたが、成形条件によっては穴輪郭周囲にバリ、またはショートが発生してしまいました。

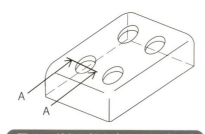

図1　ボタン組み立てハウジング

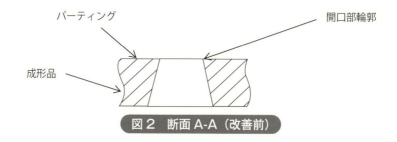

図2　断面A-A（改善前）

> **原 因**

パーティング面で合わさる穴形状の輪郭は鋭角になっているため、樹脂を充填した時に鋭角部に空気が残っているために完全充填できずにショートの発生、あるいは、ショートを回避するために充填圧力を上げた場合はバリが発生します。

改善後 After

ストレート部を設けることにより、型締め時、穴形状部でコア側、キャビティ側で安定的かつ確実に型当てすることが可能となり、バリ、ショートの発生防止が可能になります。

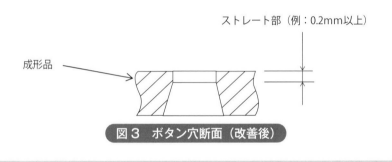

図3 ボタン穴断面(改善後)

❗ 留意点

製品の小型化、薄型化にともない、ボタンとボタン穴とのクリアランスが非常に小さくなっているため、ストレート部寸法の決定に関しては、製品設計コンセプト、金型加工精度、成形精度を十分に考慮する必要があります。

9 ボスの冷却効率化構造

概要

　成形品の凹凸形状が多く、特に、ボス高さが高い部分の冷却構造には、一般的に、図1に示すようなタンク方式があります。ボス高さが高く、ボス径が小さい場合、タンク形状部に冷却水を通すことも困難になるため、金型材質変更などによる高効率の冷却構造の採用が必要です。

改善前 Before

　図1に示すボス形状の冷却として熱伝導率の良い銅合金製のタンク方式を採用しましたが、ボス形状の側壁にある貫通穴をスライドコアピンで形成する構造でした。また、ボス上面に貫通孔があり、キャビティとの突き当て構造にしました。その結果、成形数量が多くなるに従い突き当て面の摩耗によるバリの発生が確認されました。

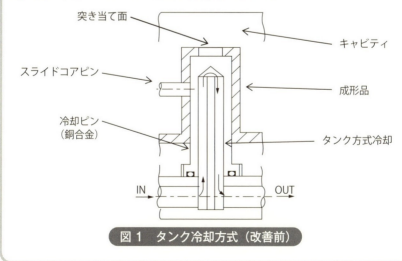

図1　タンク冷却方式（改善前）

第4章　成形品品質に関する改善ポイント

> 原因

　冷却ピンの材質は銅合金、キャビティ、スライドコアピンの材質は鋼材であり、材質の表面硬度は鋼材が高く、突き当て面で銅合金である冷却ピン側に摩耗が発生したため。

改善後　After

　図2の冷却ピンで、鋼材部品と銅合金部品を拡散接合により原子レベルで接合して、強度が必要な個所は鋼材、強度を必要としない個所で冷却優先の場合は銅合金を使用します。

※拡散接合：真空や不活性ガス中の制御された雰囲気中で、加熱・加圧して金属の接合面に生じる原子の拡散を利用して接合する方法。

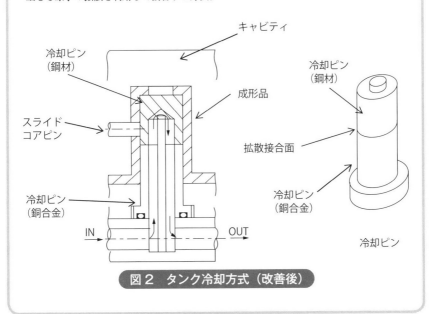

図2　タンク冷却方式（改善後）

留意点

拡散接合による異種材質接合部品はコストアップになるため、コストパフォーマンスを十分に検討した上で採否を決めることが重要です。また、接合する材質によっては接合強度面で弱いものもあるため、使用する材質の組み合せについても検討、あるいは事前に評価が必要です。

10 塗装見切り溝部のフローマーク防止

> **概要**

外観部品で意匠性向上のために外観面にシボ加工、塗装などの処理を行います。塗装の場合、塗装エリアを明確にするために見切り形状を設けることがありますが樹脂流動に影響するため、外観品質不良を発生することがあります。

改善前 Before

塗装時の見切り溝形状を採用し、また、肉厚の均一化設計に重点を置いた結果、フローマークが発生してしまいました。

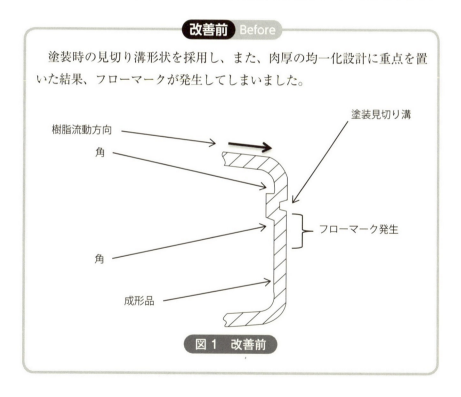

図1　改善前

第 4 章　成形品品質に関する改善ポイント

> 原　因

塗装見切り溝内側の形状のコーナーが角になっているため、狭いエリアでの樹脂の急激な流動変化のために成形品表面にフローマークが発生しました。

改善後 After

樹脂流動の急激な変化を避けるために、内側の角部にR1（1mmのR面取り加工）を追加してスムーズな樹脂流動を可能としてフローマークを防止しました。

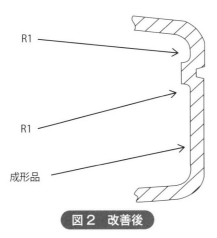

図2　改善後

> ⚠ 留意点

ハウジング内部に組み付けする部品との干渉確認を行い、部品角部のRサイズを決定します。基本的には狭いエリアでの急激な樹脂流動変化は避ける設計にします。

11 ゲートカット跡による黒色部品の外観不良防止

概要

外観側から見えにくい位置にジャンプゲートを設定しましたが、ゲートカット用のニッパ先端が入りづらく、治具でゲートカットするようにしましたが、カット跡が汚なくなってしまいました。当該部品は黒色でゲートカット跡が白化して目立ち、外観不良となります。

改善前 Before

斜面部でゲートカットするも、カット残りが輪郭から僅かですがはみ出てしまい外観不良となりました。

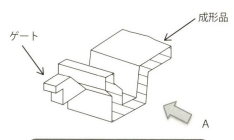

図1 ゲート斜視図（改善前）

図2 矢視A

第4章　成形品品質に関する改善ポイント

> 原　因

ジャンプゲートを選定した時点で、二次加工であるゲートカットがあるのを考慮せずにゲート位置を設定したため。

改善後 After

部品輪郭部に接触せずにゲートカット用ニッパ、専用治具でカット可能なゲートカットスペースを確保しました。

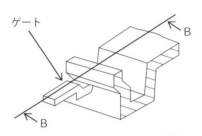

図3　ゲート斜視図（改善後）

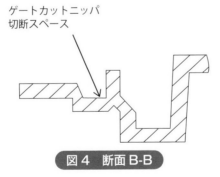

図4　断面B-B

> 🛈 留意点

ニッパなどの工具でゲートカット処理できればよいですが、カット跡残りが発生するなど歩留まりが悪い場合は専用治具の製作も検討します。あるいは、製品設計の初期段階からゲートカットが不要なゲート仕様（ゲートタイプ、位置、寸法）を検討します。

12 箱形状成形品の ソリ改善

概要

図1のような箱型形状をしたコネクター成形品の場合、図2に示すコーナー部近傍でソリが発生することが多く、コネクターを挿入することができない等のトラブルが発生することがあります。

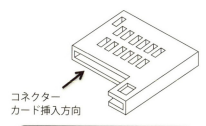

図1　コネクターハウジング

図2　コネクターハウジング正面

改善前 Before

コーナー部において、均一肉厚の基本原則のもとに側壁肉厚と上面の肉厚を同一肉厚で設計しましたが、実線で示すようなソリが発生しました。

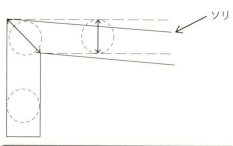

図3　箱形状のコーナー部断面（改善前）

> **原　因**

基本肉厚と側壁肉厚を同一にすると、**図3**に示すようにコーナー部の肉厚が基本肉厚の約1.4倍になり、基本肉厚部とコーナー部の冷却時間に差が発生して実線のソリが発生します。

改善後 After

コーナー部の冷却時間を基本肉厚部と概ね同一にするために、**図4**に示す肉抜きの追加、あるいは**図5**の同芯R形状に修正します。

肉抜き追加、R形状修正でもソリ低減ができない場合は、コーナー部近傍の金型材質を熱伝導性の良い銅、あるいはアルミ合金に変更します。固定側、可動側の金型温度を個別に設定する等の検討も行います。

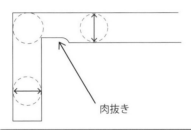

図4　コーナー部肉抜き（改善後）

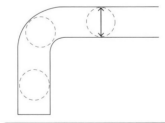

図5　コーナー部同芯R形状

❗ 留意点

コーナー部をR形状にする場合、外観形状の変更、内部のスペースが変わるため修正可否の確認が必要です。

13 透明カバーの爪白化防止

概要

透明カバー成形品製作時、カバーと相手部品との組立の際、カバーの緩衝を目的に、リブを追加することになりました。外観部品でもあり、リブ追加によるヒケ発生防止、リブ磨き不足に起因する離型抵抗増大による突出し時の白化防止対策が必要です。金型構造でこれらの問題が発生することを予防する必要があります。

改善前 Before

図1に示すようにリブ2個所を設けましたが、成形終了後の離型時に透明カバー天面のリブ近傍で白化が発生しました。

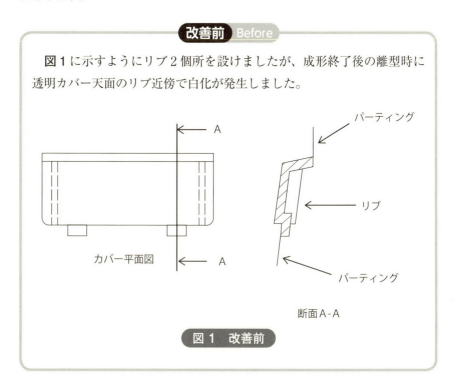

図1　改善前

第4章　成形品品質に関する改善ポイント

> 原　因

リブ2個所を設けましたが、図1断面 A-A でもわかりますが、金型では彫り込み形状になるため磨きを十分に行うことができずに離型抵抗が大きくなったため。

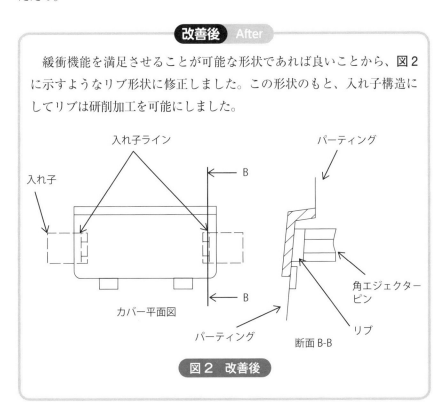

図2　改善後

> ⚠ 留意点

リブ追加を短時間で対応するために、金型を単純に彫り込み加工で済ます構造にすると、磨きが困難であったり、ガス逃げが不十分になったりします。成形品品質などトータルで考えた金型構造の検討が必要です。また、入れ子分割ラインがでますので、外観上、問題ないことの確認が重要です。

14 プーリーのソリ対策

概要

　プーリーにフランジ形状がありますが、フランジ形状、軸受け形状を全て片側に設けるとソリが発生します。機能上問題なければ、左右対称形状に修正することでソリ改善が可能となります。左右対称形状が不可の場合、肉抜きを追加してソリ量の低減を図ります。

改善前 Before

　図1に示すように片側に形状要素（フランジ等）を設けましたが、ソリが発生してしまいました。

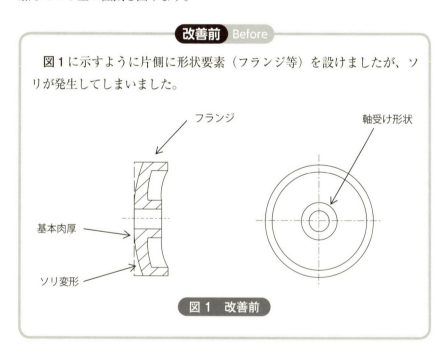

図1　改善前

第4章 成形品品質に関する改善ポイント

> **原 因**

フランジ形状、中央の軸受け部形状が全て片側にあり、また、フランジ形状肉厚と、基本肉厚部が接続しているコーナー部の肉厚が厚いために冷却時間差が発生したため。

改善後 After

機能上、最外周のフランジ部と中心部の軸を組み付ける貫通穴のみが必要であることから、左右対称形状に修正することでソリを改善しました。左右対称形状が不可の場合、肉抜きを追加してソリ量を低減します。

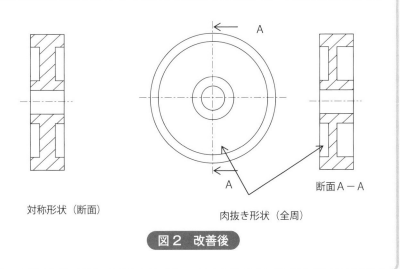

図2 改善後

❗ 留意点
部品形状の修正によりソリ改善を行う場合、設計変更になります。機能上問題ないことを確認した上で修正対応する必要があります。

15 自動車部品のフランジ形状不良防止対策

概要

自動車部品のフランジ形状成形時、樹脂の充填圧力によりエルボ部を通過する内径穴部で段差が発生する不具合が発生します。スライドコアピンと可動側コアピンの突き当て部のズレを防止するための改善が必要になります。

改善前 Before

可動側コアピンとスライドコアピンは、先端部で45°の角度で突き当てました。しかし成形品の品質検査時、45°の突き当て面で段差が生じていることが判明しました。

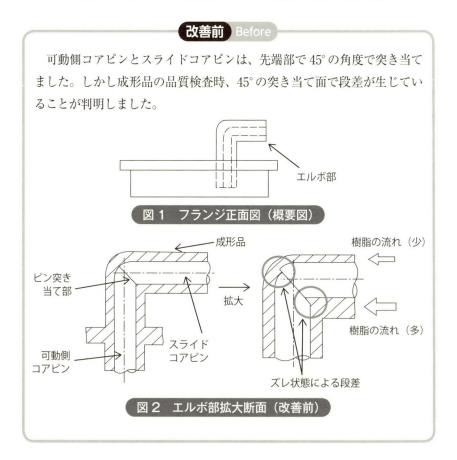

図1 フランジ正面図（概要図）

図2 エルボ部拡大断面（改善前）

> **原 因**

図2に示すように樹脂の流動バランスが不均一のため、スライドコアピンと可動側コアピンの45°の突き当て部でズレて穴内径部で段差が発生します。

改善後 After

エルボ内径部を形成するスライドコアピンと可動側コアピンの先端合わせ部で樹脂の充填圧によりスライドコアピンにズレが発生するのを防止するために、スライドコアピン先端部に嵌合形状を設けました。

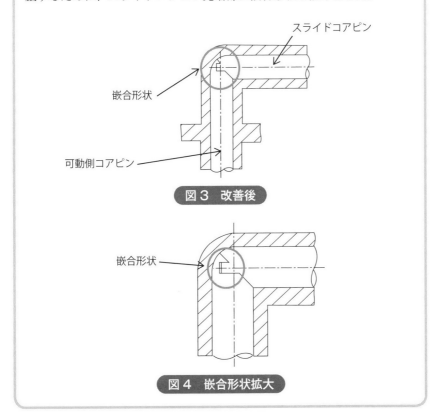

図3　改善後

図4　嵌合形状拡大

! 留意点

エルボ内径部を形成するスライドコアピン先端部と可動側コアピン先端部がスムーズに位置決めするように高精度に加工する必要があります。

16 金型加工精度向上による成形部品高さ、長さ、幅寸法精度、平面度の改善

概要

金型構造には2プレートタイプ、3プレートタイプがありますが、いずれのタイプの場合でもキャビティ・コアを組み込む型板があります。キャビティ・コアを、型板を直接彫り込んだ凹部に組み込むことがありますが、凹部底面はエンドミルによる切削加工になるため高精度な平面度を確保することが困難です。

高さ、長さ、幅寸法精度、平面度の高い成形品が必要な場合は型構造の見直しが必要です。

改善前 Before

2プレートタイプ金型の事例で説明します。低コスト加工、リードタイム短縮のために、固定側型板、可動側型板共に底付き形状をフラットエンドミルで加工して、キャビティ・コアを組み込みました。組み込み後のキャビティ・コアのパーティング面の平面度を測定すると所定の平面度の確保ができませんでした。

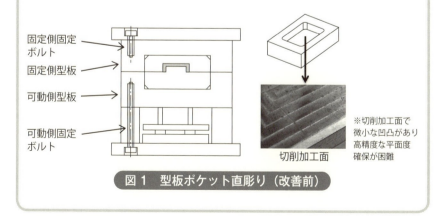

図1 型板ポケット直彫り（改善前）

> **原因**

　固定側型板、可動側型板共に底付き形状の場合、フラットエンドミルでの加工となり、カッターマーク跡が底面に残り、高い平面度の確保が難しかったため。

改善後 After

　固定側型板、可動側型板のキャビティ・コア組み付け部を貫通にして、受け板を追加することで、キャビティ・コア組み付け部側壁になる固定側型板、可動側型板を共加工できます。また、キャビティ・コアの底面に接する受け板の平面は研削加工が可能となり、キャビティ・コアの高さ方向、水平方向の高精度化が可能になります。

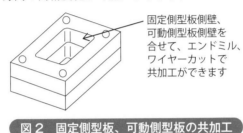

固定側型板側壁、可動側型板側壁を合せて、エンドミル、ワイヤーカットで共加工ができます

図2　固定側型板、可動側型板の共加工

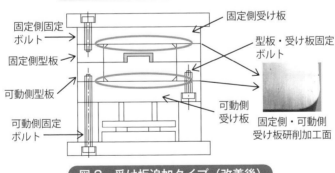

図3　受け板追加タイプ（改善後）

！留意点

改善後の金型構造の場合、キャビティ・コアを高精度に位置決めすることができます。ただし、受け板等が必要になるためにコストアップになる点には留意が必要です。また、キャビティ・コアにテーパーピン／ブッシュを設けることで更なる高精度化が実現できます。

17 穴ピッチ精度向上対策

概 要

樹脂成形品には穴、リブなどの形状があるのが一般的です。特に、貫通穴、座ぐり穴がある場合、キャビティ・コア、どちらの部品で形成するかによって穴ピッチ精度が異なります。

改善前 Before

離型抵抗を考慮して左側の貫通穴はコア側のコアピン、座ぐり穴はキャビティ側のコアピン、とそれぞれ別々に形成しましたが、ピッチ精度不良が発生してしまいました。

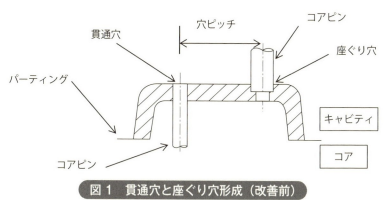

図1 貫通穴と座ぐり穴形成（改善前）

第4章　成形品品質に関する改善ポイント

> **原　因**

　貫通穴は可動側（コア）で加工し、座ぐり穴は固定側（キャビティ）で形成したため、キャビティ・コアを合わせた時の貫通穴と座ぐり穴の高精度なピッチ寸法の確保が困難でした。

改善後 After

　2個所の穴ピッチ精度を確保するために、キャビティ側に二つの穴のコアピンを設置して精度を向上しました。また、付随効果としてコアピン先端部のバリも外観側に発生することを防止することができました。

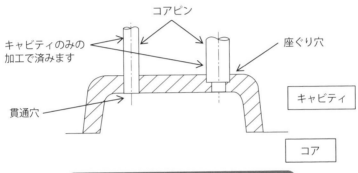

図2　貫通穴と座ぐり穴形成（改善後）

> **留意点**
> 貫通穴、座ぐり穴のピッチ精度、ならびに外観品質を確保するために、キャビティ側にコアピンを設置しましたが、キャビティ側の離型抵抗が大きくなるため、コア側に部品を確実に残す工夫が必要です。

18 ボス外径部バリ発生防止

概要

成形部品、特にハウジング部品のほとんどは、電気・電子部品、機構部品を固定するボスがあります。成形品の成形時は、ボスを突き出すためにエジェクタースリーブを設けます。また、ボス側壁には抜き勾配を付けて離型を容易にする構造にします。

改善前 Before

ボスの離型抵抗を低減するために、ボス先端まで抜き勾配を付けて成形品設計しましたが、ボス先端にバリが発生してしまいました。

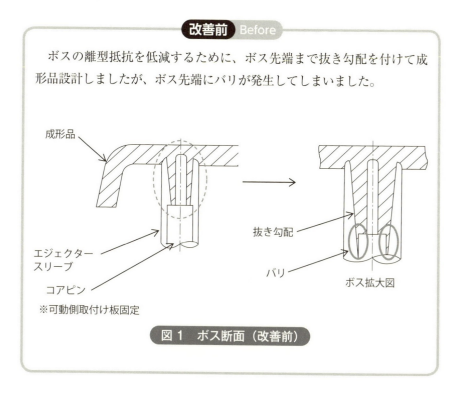

図1 ボス断面（改善前）

> **原因**

従来、ボス部は全周に抜き勾配を付けることが多く、ボス先端部の直径と同一径の標準コアピン、エジェクタースリーブがなく特注品になること、金型の穴加工精度の問題で隙間が生じ、バリが発生することがありました。

改善後 After

ボス先端部側壁に数mm程度のストレート部を設けることで、ボスの外径精度を確保することができます。また、ボスの外径と同一径のコアピン、またはエジェクターピンとの合わせが容易になることでバリの発生防止が可能になります。

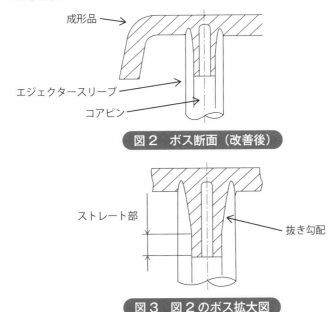

図2 ボス断面（改善後）

図3 図2のボス拡大図

🛈 留意点

ボス高さ、外径を形成するコアピンのツバは、可動側取付け板に固定するため、コアピンの長さ決め時はモールドベース各プレートの厚み公差を考慮する必要があります。また、金型温度を高温設定下で成形する成形材料の場合、長時間の高温負荷により、コアピン全長が伸びる傾向にあるため、ボス高さの管理には十分に留意します。

19 狭ピッチ高精度微細穴成形品の金型構造

概要

狭ピッチ微細穴のある成形品を得るには、穴を形成する金型部品の高精度化と、これらの部品を組み立てた時の精度を高める構造の金型が必要になります。

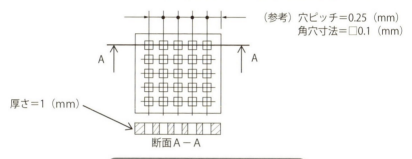

図1 狭ピッチ高精度角穴成形品

改善前 Before

図2のコア構造で、図1のような成形品を得ようとしましたが、所定の穴ピッチ精度の成形品ができませんでした。

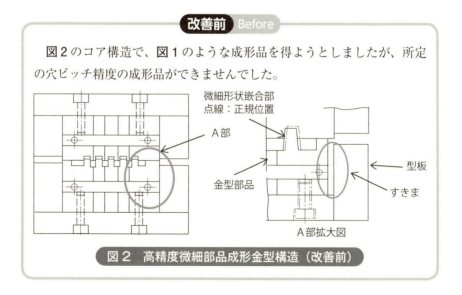

図2 高精度微細部品成形金型構造（改善前）

第4章 成形品品質に関する改善ポイント

> **原因**

図2で示しました金型構造で、金型部品と型板の間に嵌合クリアランスが必要なためキャビティ・コア部品の位置精度にバラツキが生じたため。

改善後 After

図3で示しますように、微細穴を成形する部品を積層したブロックを固定した後、ウエアプレートの上に載せて、左側からクサビ部品で型板の基準面側に押付ける構造にすることで部品は高精度・安定的に固定・保持されます。

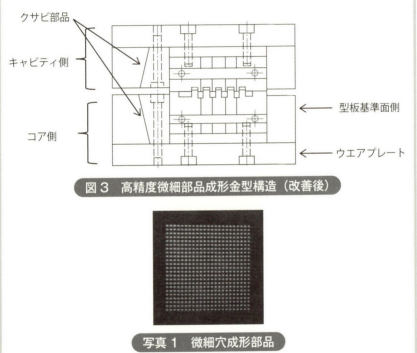

図3 高精度微細部品成形金型構造（改善後）

写真1 微細穴成形部品

> **留意点**
> 積層する金型部品単品の厚さ寸法公差の管理を確実に行う必要があります。また、貫通穴がある成形品を成形する時は、相手のキャビティにインローする形になるため、キャビティ側も同様の構造を採用するか否かの検討が必要です。

20 穴位置寸法修正容易化

概要

高精度な穴位置精度が要求される成形品において、初期に設定した穴位置では指定された位置寸法が出ていない場合は穴位置を修正する必要があります。金型修正は少ない加工工数で、かつ確実に対応できるようにすることが必要です。

改善前 Before

図1に示すように、穴AのX、Y位置寸法で金型設計後、成形した成形品の穴位置寸法の不良で修正が必要になりました。修正量は、図2に示すように、X、Y両方向に1（mm）移動する必要があり、修正する穴の既存のコアピンの根元の穴径を大きくし、新たにコアピンを製作する必要があります。

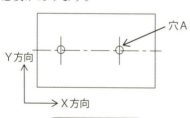

図1 初期設計

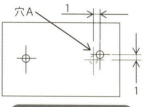

図2 穴A位置変更

図3 初期設計時金型構造（改善前）

コアピン穴の重複加工が必要になります

図4 穴位置変更時の金型修正検討図

> **原　因**

穴位置が変更になれば、単純に、穴を形成するコアピン全体を修正量だけ移動すれば良いとの考えの下に設計したため修正工数が多くなりました。

改善後 After

　金型設計初期段階で穴位置の移動が想定される個所は、予め大きな径のコアピンを選定した設計を行います。位置移動が必要な時に、コアピンの先端部のみ修正量分移動して、コアピンのツバ部分は回り止めのためにツバの切断加工を行います。

　コアピン先端部は偏芯により、旋盤、または研削加工では対応が非常に困難なため、先端部の丸ピンを加工後、コアピン本体に修正量分を放電加工、またはエンドミルによる穴加工で加工した底付穴に組み立てます。

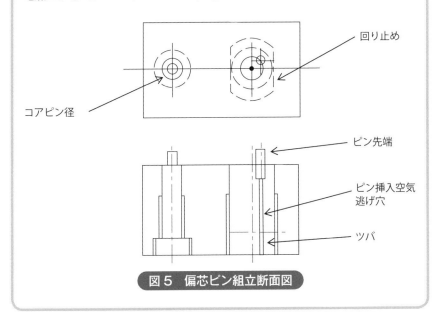

図5　偏芯ピン組立断面図

！留意点
ピン先端部とコアピン本体の底付穴との嵌合状態は、軽圧入レベルで行う必要があります。

21 スナップフィットによる部品固定構造

概要

プラスチック成形品において、機構部品、電気部品などの固定、保持はボルト、接着剤、両面テープなどにより行うことが多いです。これらの接合部材の削減や組立工数の低減のための方法として、プラスチックの弾性を利用した部品組立構造の採用が必要になっています。

改善前 Before

図1に示します成形品のネジ部に、モーターのフランジに開いている穴を活用してボルトで固定しましたが、ボルト頭の大きさ（直径、高さ）があるため、狭いスペースでの組み付けには作業性が悪いという問題があります。

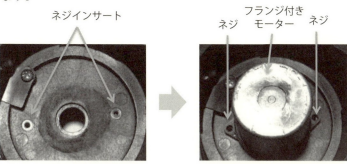

図1 モーター組立（改善前）

出典：アイ電子工業

第4章　成形品品質に関する改善ポイント

> 原　因

　プラスチック部品に機構部品、電気部品などを強固に固定、保持するためには、ボルト、ネジなどの締結部品が必要不可欠との固定観念があり、部品の組立容易性を考慮せずに設計したため。

改善後 After

　モーターのフランジ部の2個所の穴と、成形品に設けたスナップフィットの半球形状で位置決めするとともにプラスチックの弾性力で固定を行う構造にしました。

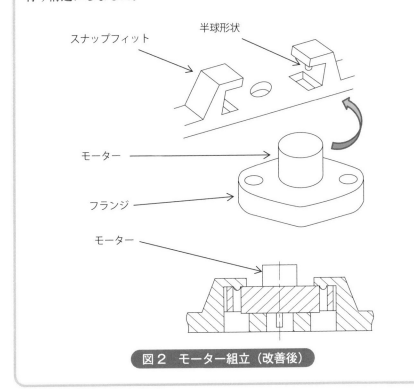

図2　モーター組立（改善後）

留意点
従来のボルトによるメカ的な固定ではないため、組み立てた製品の使用条件、基準をクリアできるか否かを信頼性試験などで確認する必要があります。

22 ボス強度向上

概 要

　プラスチック成形品では、電気・電子部品などを固定するためにボス形状を設ける場合がありますが、昨今の製品の小型、薄型化に伴いボス強度を補強するためのリブも安易に設けられなくなっています。このような条件の下でボス強度を確保するために、ボス根元周囲にR形状を追加するとともに、ネジ締め付け時に発生するトルクによる影響を緩和するために補強リブが必要です。

改善前 Before

　図1のようにボス強度補強のためにリブを1個所設けた後、部品を固定するためにネジ締めしたところ、ボスが僅かですが歪む現象が確認されました。

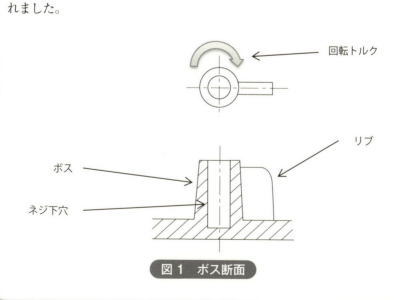

図1　ボス断面

> 原　因

ボスに補強リブを1個所設けましたが、部品を固定する時、図1に示すように矢印方向に回転トルクが負荷します。回転トルクは規格値以下でしたが補強リブ1個所では強度不足でした。

改善後 After

ボス根元周囲にR追加、さらに、補強リブを1個所追加することでネジ締め付け時の回転トルクの負荷によるクラック発生リスクを回避しました。

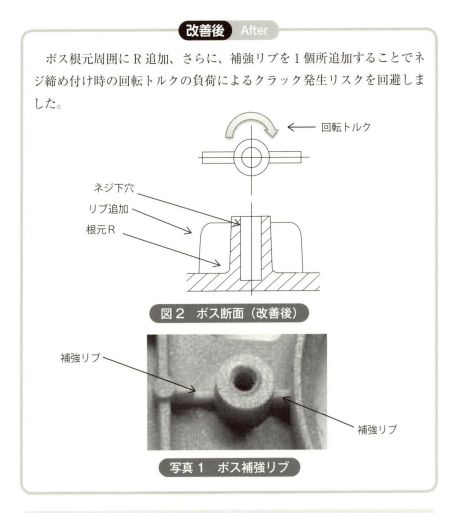

図2　ボス断面（改善後）

写真1　ボス補強リブ

> 留意点

ボス根元R寸法、補強リブ本数・位置、形状に関しては、部品等の組み立て時に干渉しない条件下で追加等が必要です。

23 ネジインサート凹み防止

概要

　プラスチック成形品への機構部品、電気部品などの固定にネジを活用する方法があります。プラスチック成形品を成形する時にネジを金型内のボス形状部にインサートしますが、ネジインサート成形品のネジインサート面はボス上面より若干凸になることが必要です。この高さ関係を安定して維持するためには、ネジインサートをインサートピンに固定、保持する必要があります。

※ネジインサートがボス上面に対して凹になる場合、雄ネジを差し込んでネジ締めを行うと、"ジャッキアップ"現象が発生してネジインサートが引き抜けることになります。

改善前 Before

　主に可動側（コア）のインサートピンにネジをインサートして成形すると、樹脂の充填圧力でネジインサートが浮いたり、ネジの内径部に樹脂が流入したりすることがあります。

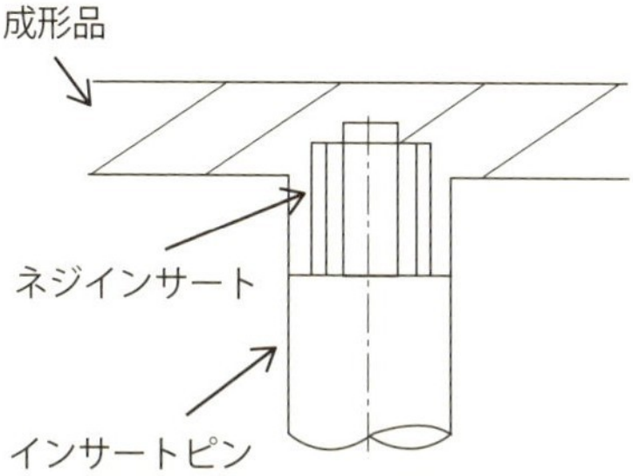

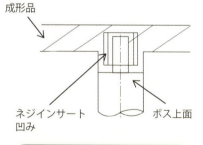

図1　ネジインサートセッティング状態（改善前）

図2　ネジインサート不具合状態　ボス上面凹み（改善前）

第4章　成形品品質に関する改善ポイント

> 原　因

樹脂の充填圧力、あるいは、可動側が型締め直前でスローダウンする時に慣性力でインサートネジが浮くこともあります。また、ネジの内径は一定ではなくバラツキがあります。そのため、ネジインサートピンとの嵌合状態にもバラツキがあるため、嵌合が緩い場合、ネジが浮く（成形品では凹む）不具合が発生します。

> 改善後　After

固定側（キャビティ）からネジインサート押えピンを設置して成形時のインサートネジの浮き、インサートネジ部（内径）への樹脂の流入を防止します。

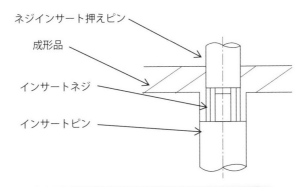

図3　ネジインサート押え構造（改善後）

> ！留意点

ネジインサート押えピンを設置することにより、成形品にピン径に相当する穴が開くことになりますが、デザイン上、問題ないことを事前に確認する必要があります。

24 薄板インサートの沈み込み防止

概要

樹脂部品の高付加価値化の一環でインサート成形品の需要も多くなっています。インサート成形品でも、部品固定などの目的でネジのみをインサートした成形品がありますが、より高度な機能性が必要とされる金属の薄板などのインサート成形品のニーズも高くなっています。薄板インサート成形品の成形時、位置決め構造を設けることでX‒Y方向の位置は概ね固定されますが、厚み方向の支持方法によっては薄板インサート部への樹脂の流入がアンバランスになり、薄板インサートの沈み込みが発生することがあります。

改善前 Before

薄板インサート部品を金型の所定位置に設置した後、樹脂を充填すると薄板インサートが樹脂に押されて沈み込むことがあります。

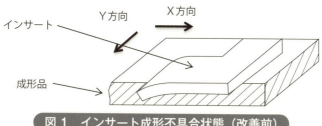

図1 インサート成形不具合状態(改善前)

第4章　成形品品質に関する改善ポイント

> 原　因

　薄板インサートは厚み方向では自由なため、樹脂を充填すると流動方向のアンバランスにより、薄板インサート下面より上面に樹脂が先に流入すると**図1**のように薄板インサートが曲げられた状態になります。

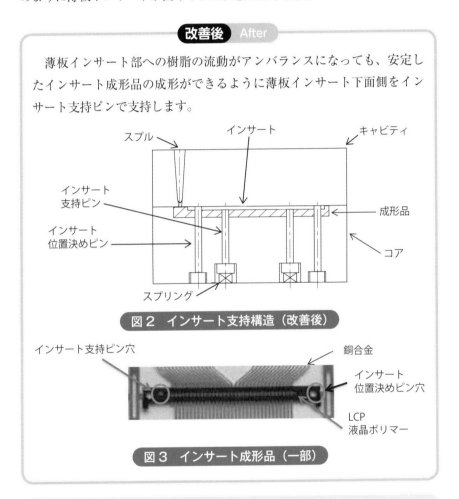

図2　インサート支持構造（改善後）

図3　インサート成形品（一部）

改善後　After

　薄板インサート部への樹脂の流動がアンバランスになっても、安定したインサート成形品の成形ができるように薄板インサート下面側をインサート支持ピンで支持します。

> 留意点

　薄板インサートを保持するためにインサート支持ピンを設置します。これにより成形品にインサート支持ピンの丸穴が開くため、事前に機能上の問題がないかの確認が必要です。

25 精密成形用アルミ合金型構造

概要

少量〜中量の製品を製作する時、量産金型で使用する金型材質（例：S55C、NAK55、SKD61 など）を使用すると高額な設備投資、約 1.5 〜 2 ケ月のリードタイムが必要になります。一方、切削性が良く、機械的特性も S55C と同等レベルの A7075 系のアルミ合金を使用することで、少量〜中量向け成形金型が安価、短納期（鋼材型比：約 70%）での製作が可能になります。成形品も ± 0.05（mm）程度の公差を満足することが可能になっています。そのためには精密成形用キャビティ・コア組立構造、テーパーピンによるキャビティ・コアの位置決め構造、キャビティ・コアの熱膨張吸収構造を採用します。

改善前 Before

キャビティ・コアは図1に示すように型板に嵌合させてボルト、または、ツバで型板に固定、保持しますが薄バリが発生したり、成形開始後、早い段階でゲート部の摩耗が確認されました。

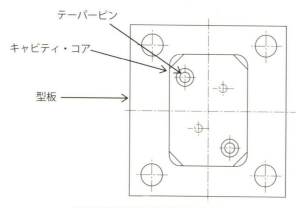

図1 アルミ合金型平面図

第4章 成形品品質に関する改善ポイント

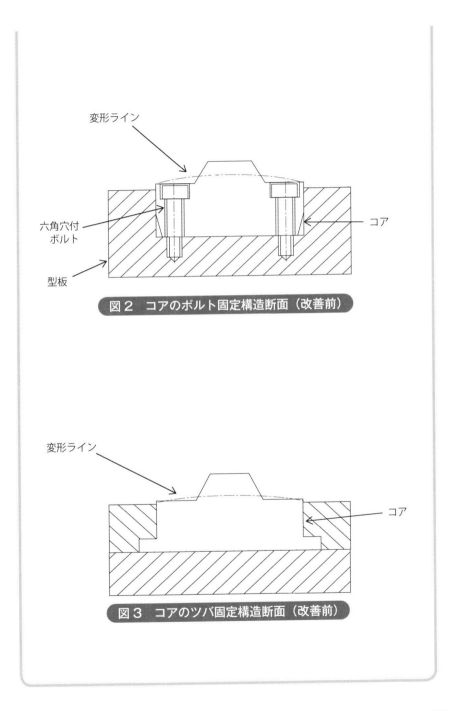

図2 コアのボルト固定構造断面（改善前）

図3 コアのツバ固定構造断面（改善前）

原因

成形時に樹脂毎の所定の金型温度に昇温すると、アルミ合金の線膨張率は鋼材の線膨張率の約2倍であるため、キャビティ・コアは膨張する一方、鋼材製の型板に押さえられる形となり、**図2**、**図3**に示すようにキャビティ・コアのパーティング面側が僅かですが凸形状に変形します。

改善後 After

キャビティ・コアの位置ずれを防止するためにテーパーピンの設置、また、キャビティ・コアの熱膨張を吸収するクリアランスを設けます。さらに、キャビティ・コアの固定は、ボルト締めの場合、熱膨張を拘束する結果になるため、ツバで固定する構造にします。

ゲート部は鋼材を使用した入れ子構造にします。

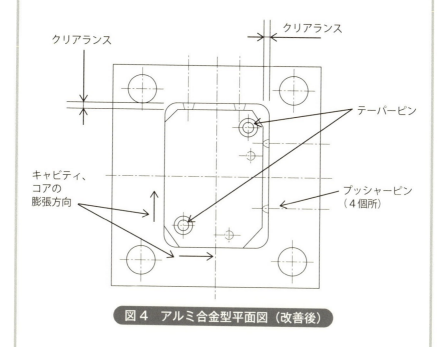

図4 アルミ合金型平面図（改善後）

第4章　成形品品質に関する改善ポイント

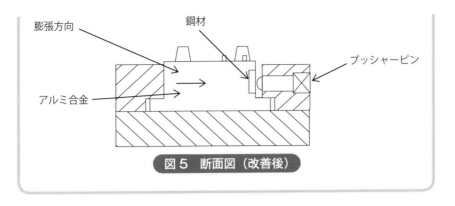

図5　断面図（改善後）

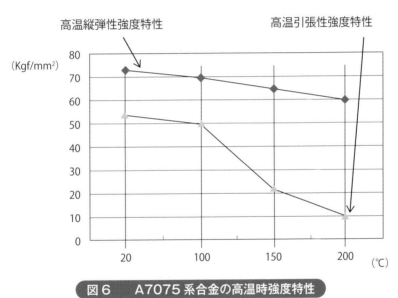

図6　A7075系合金の高温時強度特性

> **留意点**
> アルミ合金金型で主に用いるA7075系合金は、高温状態環境下では、**図6**に示すような縦弾性強度特性、引張強度特性になるため、使用条件・環境には十分に注意する必要があります。

〈著者略歴〉
大塚 正彦（おおつか まさひこ）
技術士（機械部門）

1954 年　千葉県に生れる
1980 年 3 月　明治大学大学院工学研究科博士前期課程修了
　大手総合電機メーカ、電子部品メーカなどにて、約 32 年間、一貫してプラスチック製品開発、金型設計・製造技術開発、成形生産技術開発、樹脂材料評価等、プラスチック関連要素技術開発を担当した後、2012 年独立。
　現在、国内、海外（韓国、メキシコ）の中堅・中小企業の技術指導、新製品開発指導、人材育成中。
URL：http://www.omtec5119.jp

[著書]
「初級設計者のための 実例から学ぶプラスチック製品開発入門」
日刊工業新聞社、2015

[所属学・協会]
・日本技術士会
・型技術協会
・プラスチック成形加工学会
・日本販路コーディネーター協会

実践！ 射出成形金型設計
ワンポイント改善ノウハウ集　　　　　　　　NDC578.46

2017年2月22日　初版1刷発行　　　　定価はカバーに表示されております。

　　　　　　　　ⓒ 著　者　　大　塚　正　彦
　　　　　　　　　発行者　　井　水　治　博
　　　　　　　　　発行所　　日刊工業新聞社
　　　　　　　　〒103-8548　東京都中央区日本橋小網町14-1
　　　　　　　　電話　書籍編集部　03-5644-7490
　　　　　　　　　　　販売・管理部　03-5644-7410
　　　　　　　　　　　FAX　　　　 03-5644-7400
　　　　　　　　振替口座　00190-2-186076
　　　　　　　　URL　http://pub.nikkan.co.jp/
　　　　　　　　email　info@media.nikkan.co.jp
　　　　　　　　印刷・製本　新日本印刷

落丁・乱丁本はお取り替えいたします。　　2017 Printed in Japan
　　　　　　　　ISBN 978-4-526-07662-6
　　　　本書の無断複写は、著作権法上の例外を除き、禁じられています。